HEYNE
NON FICTION

Louis Pauwels
Jacques Bergier

Der Planet der unmöglichen Möglichkeiten

Neue Beobachtungen
Erfahrungen und Erkenntnisse
beim «Aufbruch
ins dritte Jahrtausend»

WILHELM HEYNE VERLAG
MÜNCHEN

HEYNE-BUCH Nr. 7003
im Wilhelm Heyne Verlag, München

Der Band enthält die wichtigsten Beiträge von Louis Pauwels
und Jacques Bergier aus PLANETE.

Aus dem Französischen übersetzt von Alfred P. Zeller
Genehmigte, ungekürzte Taschenbuchausgabe

Printed in Germany 1975

Umschlaggestaltung: Atelier Heinrichs, München
Satz: Pustet, Regensburg
Druck: Ebner, Ulm

ISBN 3-453-00457-4

Inhaltsverzeichnis

Gedanken zum Anfang

Louis Pauwels

»Ich habe gewußt, daß den Menschen, der sein Vaterland verläßt, eine gewisse Wehmut befällt. Jetzt weiß ich, daß man etwas Ähnliches empfindet, wenn man die Erde verläßt, aber ich weiß nicht, wie man dieses Gefühl nennen soll . . .«

German Titow

Als wir, Jacques Bergier und ich, das Buch *»Aufbruch ins dritte Jahrtausend«* veröffentlichten, waren wir nicht darauf gefaßt, ein so breites Publikum zu finden. Wir erstrebten mit unserer Arbeit eine Tiefenwirkung, indem wir einige Menschen aufrütteln wollten, dachten aber niemals an eine Breitenwirkung, da wir uns einfach nicht vorstellen konnten, daß so viele Menschen darauf ansprechen würden.

Der Veröffentlichung des Buches waren jahrelange Recherchen auf einer Vielzahl von Wissensgebieten vorangegangen: Physik, Biologie, Geschichte, Mystik, Literatur usw. Wir wollten versuchen, bis zu einem gewissen Grad das alte – magische – Denken mit dem Denken unserer Zeit in Einklang zu bringen. Die vergangene und zukünftige Wirklichkeit wurde unter dem Aspekt des Phantastischen dargestellt; das Buch endete mit einem Ausblick auf die großen Zukunftsaussichten der Menschheit.

Ich habe niemals aufgehört, mir die drei Fragen zu stellen, die die Menschheit von jeher bewegen und auf die sie vielleicht schon einige Male im Verlauf ihrer langen Reise, auf der man oft sein Gepäck aus den Augen verliert, eine Antwort gefunden hat: Woher kommen wir? Was sind wir? Wohin gehen wir? In *»Aufbruch ins dritte Jahrtausend«* haben wir nichts anderes getan, als diese Fragen nochmals aufzuwerfen, aber wir haben es auf eine ganz aktuelle, ja barbarische Art getan, wie hart bedrängte Menschen, die sich mit allen ihnen zur Verfügung stehenden Waffen auf einmal verteidigen, vom Speer bis zur Rakete, vom Zauberspruch bis zur mathematischen Gleichung.

Wir leben in einer Zeit, in der die Fragezeichen plötzlich ins Riesenhafte gewachsen sind, so daß sie weit über unseren Planeten hinausreichen. Die Grundfragen der Menschheit haben wieder ihre elementare Bedeutung zurückgewonnen. Meines Erachtens ist es höchste Zeit, von Stendhals »Großer Gott, warum bin ich?« zu einem »Großer Gott, warum sind wir?« überzugehen. Wenn man in einer

Welt der Massen, der erdumspannenden Projekte und der kosmischen Mythen, in einer Welt, die sich als ganz anders erweist, als bisher angenommen, und in der auch der Mensch spürt, daß sich mit ihm ein grundsätzlicher Wandel vollzieht, allenthalben nur mit subjektiver Psychologie auszukommen versucht, verflüchtigt sich schließlich alle Psychologie. Zweifellos ist der Übergang vom Individuum zum Kollektiv (und entsprechend vom Psychologischen zum Metaphysischen) für die Privilegierten schmerzhaft, und deshalb ist es verständlich, daß die fast ausschließlich auf die Verherrlichung des einzelnen abzielende, auf die Suche nach dem persönlichen Glück hin ausgerichtete Literatur davor zurückschreckt. Aber das bedeutet, dem Leben selbst auszuweichen. In einem Brief an Constance Malleson schrieb Bertrand Russell den großartigen Satz: »Ehe ich sterbe, muß ich noch eine Möglichkeit finden, das Wesentliche auszudrükken, das in mir ist und das ich noch niemals ausgesprochen habe, etwas, das weder Liebe noch Haß oder Mitleid oder Verachtung ist, sondern der warme, aus weiter Ferne kommende Odem des Lebens selbst, der die unermeßliche, erschreckende, bewundernswerte und unerbittliche Kraft der nichtmenschlichen Dinge ins menschliche Leben hineinträgt.«

Die meisten literarischen Arbeiten im heutigen Frankreich erinnern an die bedeutungslosen Kritzeleien, die von schläfrigen Konferenzteilnehmern während eines langen Vortrags mit verbissener, absurder Sorgfalt angefertigt werden. Wie in einem übelgelaunten Wachtraum zieht sich der Schriftsteller um so mehr auf komplexe Spielereien in seinen Schmollwinkel zurück, verengt um so mehr seinen Horizont, je enger das Einzelschicksal mit dem Schicksal der ganzen Menschheit verknüpft wird und je mehr auf der Ebene des Wissens die einzelnen Disziplinen sich zu einer Gesamtschau zusammenschließen. Balzac hat Paris oder die Provinz dargestellt; bei ihm liebte man nach Stadtbezirken, wobei das XVI. Arrondissement die Hauptrolle spielte. Ein Modergeruch steigt aus dieser Literatur der Vereinzelungen auf, während ein befruchtender Wind über unserem ganzen Planeten weht und die wahre, von uns gelebte Geschichte im Bereich der Ideen, der Technik, der sozialen Probleme sich aus Massenerscheinungen zusammensetzt, während das individuelle Bewußtsein in der Vorahnung eines neuen, planetarischen, kosmischen Bewußtseins einen schmerzhaften Erweiterungsprozeß durchgemacht. Schon im 19. Jahrhundert bemühte sich der bedauernswerte Maurice de Guérin, zwischen Selbstgefälligkeit und der unbestimmten Ahnung höherer Wahrheiten zerrissen, der sauertöpfischen Sattheit zu entrinnen, und äußerte Worte, die auch den Lippen mancher unserer ihr Talent vergeudenden Zeitgenossen wohl anstünden: »Mein Gott, was klagen wir doch über unsere Vereinzelung! Auch ich war lange von dieser Manie besessen. Damals lebte ich ganz falsch; ich hatte unechte Beziehungen zwischen den Geschöpfen und meinem innersten Ich geknüpft, und ich mußte schwer leiden, verweigerte mir doch die Schöpfung den reichen Schatz ihrer Freuden und schloß mich wegen dieser unechten Beziehungen aus ihrem innersten Kreis aus. In tiefster Einsamkeit verzweifelte ich; für mich war die Erde ärger als eine verlassene, völlig leere Insel inmitten eines wilden Meeres. Ein angsterweckendes Schweigen umschloß mich. Wie unsinnig war das doch! Wer es versteht, sich in die universale Harmonie einzufügen und seine Seele allen Eindrücken dieser Harmonie zu öffnen, kennt keine Isolierung.«

Wenn der verhängnisvolle Wirbel, der uns mit sich reißt, sich beruhigt haben wird, wenn nach all den Unwettern der belebende, frische Geruch einer neuen Gesellschaft und einer neuen Kultur von der Erde aufsteigt, wird man mit Erstaunen feststellen, wie wenig Raum unsere Literatur diesen Geschehnissen eingeräumt hat. Sie steht nicht nur den großen politischen und militärischen Ereignissen unserer Zeit fern, sondern auch der diesen Ereignissen zugrunde liegenden, tiefgreifenden Unruhe und den durch sie sichtbar werdenden großen Ausblicken. »Es gibt nichts Schöneres auf der Welt, als das zu fassen, was sich im Schatten der Schwerter abspielt«, schrieb Kipling. Davon scheinen jedoch die Zeugen der gewaltigen Schlachten unserer Zeit nichts zu spüren, jene Autoren, die uns mit isolierten, falschen Fakten langweilen, anstatt uns kollektive wahre Geschichten zu erzählen. Wenn man die heutigen Romane liest, empfindet man ungefähr ebenso wie ein moderner Chinese angesichts des Teeblütengedichts eines Literaten der dreißiger Jahre: die letzten wahnwitzigen Idylle einer untergehenden Welt.

Aber wer sind wir, daß wir uns erlauben können, uns kritisch zu äußern und solche Vorwürfe zu erheben? Wir lehren keine Philosophie, wir begründen keine Schule, wir sind keine weisen Ratgeber. Wir sind lediglich Suchende. Wir stecken das Gebiet ab: In unseren Bereich fällt alles, was in uns das Bewußtsein nährt, daß wir Zeitgenossen nicht nur unserer Zeit, sondern in dieser aufgewühlten, sich immer rascher beschleunigenden Epoche auch Zeitgenossen der Zukunft sind. Größtenteils gründet die Literatur auf der Annahme, daß der Mensch sich nicht wandle, oder vielmehr auf dem Glauben, daß trotz aller Veränderungen die grundlegenden Strukturen, der Mechanismus des Gehirns, die biologischen Vorgänge und die tiefsten psychischen Schichten, kurz alles, was den Homo sapiens ausmacht, so wie wir ihn herkömmlicherweise sehen, sich nicht verändern. Die sogenannte engagierte Literatur stellt diesen Glauben ebensowenig in Zweifel wie die sogenannte bourgeoise Literatur. Bei Bourget wie bei Zola, bei Montherlant wie bei Sartre ist der Mensch stets dieser Homo sapiens, wenn auch in unterschiedlichen Situationen. Wir sind jedoch der Meinung, daß diese Art, den Menschen zu sehen, auch wenn sie in einem bestimmten Stadium der historischen Entwicklung zweifellos folgerichtig war, allzu begrenzt ist. Sie wird weder den tatsächlichen Gegebenheiten früherer, auf der Magie gründender Kulturen noch der kommenden, auf der Technik aufgebauten Zivilisation gerecht. Sowohl hinsichtlich der fernen Vergangenheit als auch hinsichtlich der nahen Zukunft werden wir von Informationen überschwemmt, die uns – zumindest als Hypothese – zu dem Eingeständnis zwingen, daß der Mensch wohl doch nicht auf das traditionelle Schema reduzierbar ist, daß seine Verstandeskräfte und Fähigkeiten vielleicht doch anders sind (oder sein können), als wir gemeinhin annehmen. Wir wollen keineswegs einem parawissenschaftlichen Okkultismus das Wort reden, mit dem geschäftstüchtige Scharlatane sich der Tagesmode anpassen. Aber sowohl in der theoretischen Physik als auch in der Hirnphysiologie wird die Möglichkeit bisher ungeahnter Bewußtseinszustände sichtbar; fortschrittliche Soziologen sind zu der Einsicht gelangt, daß die heutigen Veränderungen in der Welt auch den Menschen verändern werden, der sich und die Welt mit neuen Augen sehen, dessen Schicksal eine neue Wendung nehmen wird. Sogar in das Bollwerk der christlichen Theologie sind durch Teilhard de Chardin und C. S. Lewis neue revolutionierende Begriffe eingeführt worden. Wir sind deshalb der Meinung, daß die Literatur der Linken wie der Rechten insofern, als sie in den Grenzen des traditionellen Homo sapiens eine größere, phantastischere menschliche Wirklichkeit einzuschließen versucht, der Vergangenheit zugewandt ist. Aus diesem Grund liegt sie außerhalb unseres der Zukunft zugewandten Bereiches.

»Im kosmischen Maßstab – so lehrt uns die moderne Physik – hat nur das Phantastische eine Chance, wahr zu sein«, schrieb Teilhard de Chardin. Und Oppenheimer: »Wir erfahren, wie groß die Fremdartigkeit der Welt ist.« Und Haldane: »Die Wirklichkeit ist nicht nur phantastischer, als wir glauben, sondern noch viel phantastischer als alles, was wir uns vorstellen können.« Wir glauben also, daß zum wahren modernen Realismus das Phantastische gehört, auf der Ebene des Kosmischen ebenso wie auf der Ebene der Psychologie, der Geschichte oder der Soziologie. Aber was ist denn nun das »Phantastische«?

Für die meisten »Gebildeten« ist das Phantastische eine Verletzung der Naturgesetze, das Sichtbarwerden des Unmöglichen. Wie das Ungewöhnliche und das Bizarre ist es ein Aspekt des Pittoresken. Wir glauben jedoch, daß die Beschäftigung mit dem Pittoresken ein müßiges Unterfangen ist, eine bourgeoise Beschäftigung. Für uns ist das Phantastische keineswegs das Ergebnis einer Verletzung, sondern vielmehr eine Manifestation der Naturgesetze, das Ergebnis eines Kontaktes mit der Realität, wenn diese unmittelbar erfaßt wird, ohne durch den Filter unserer alten oder modernen Vorurteile verfälscht zu werden.

Unsere Kultur ist wie jede Kultur eine Verschwörung. Eine Vielzahl von kleinen Gottheiten, deren Macht sich lediglich aus unserem stillschweigenden Einverständnis ableitet, sie nicht in Frage zu stellen, lenkt unaufhörlich unseren Blick vom phantastischen Aspekt der Wirklichkeit ab. Die Verschwörung veranlaßt uns, freiwillig auf die Einsicht zu verzichten, daß es in der von uns bewohnten Welt noch eine andere Welt, in dem uns bekannten Menschen noch einen anderen Menschen gibt. Aus diesem Pakt müssen wir ausbrechen, den Kreis der Verschwörer verlassen. Das kann dadurch geschehen, daß wir das uns verfügbare Wissen anders verwenden, zwischen den verschiedenen Wissensgebieten neue Beziehungen knüpfen, die Tatsachen mit Augen sehen, die sich nicht an die traditionellen Hierarchien halten – kurz gesagt, indem wir uns in der Welt des Geistes wie intelligente Wesen verhalten, die von anderswo gekommen sind und sich um nichts anderes als um Erkenntnis bemühen. Wenn wir so verfahren, werden wir stets gleichzeitig mit der Realität auch das Phantastische wahrnehmen.

Diese Haltung nehmen letztlich unsere Freunde ein, junge Mathematiker, Physiker und Biologen. Einer von ihnen, der Atomphysiker Charles-Noël Martin, schrieb uns: »Die Wissenschaft ist keineswegs nur das, was uns die Tradition des 19. Jahrhunderts zu glauben veranlaßt, sondern ist alles, was wir mit unseren Geisteskräften in uns wie in der Außenwelt vorstellen können; auch das Ungewohnte darf weder ausgeschlossen noch geringgeschätzt werden, denn wir können weder sagen noch voraussehen, wie das Wissen späterer Zeiten beschaffen sein wird. Vielleicht wird es sich auf Begriffe stützen, die wir Heutigen außer acht lassen, die aber von unseren Nachkommen in ihrer wahren Bedeutung und in ihrer Rolle im Menschen und in der dann erforschten Außenwelt erkannt sein werden.«

Unser einziges Ziel besteht darin, mit dieser allem Neuen offenen Haltung an sämtliche Wissensgebiete heranzugehen, besonders an die auf den Menschen bezogenen Wissenschaften: Psychologie, die Erforschung versunkener Kulturen, Soziologie, Geschichte usw. Man gelangt hier in eine Welt, die ebenso wunderbar, verwirrend und seltsam ist wie die Welt des Biologen, Physikers, Astronomen oder Mathematikers. Alles hängt zusammen. Wenn man so verfährt, stößt man auf eine Vielzahl von gewagten Hypothesen, von wunderbaren und ungewöhnlichen Tatsachen; durch einige neue Wahrheiten bringt man eine Fülle von Legenden und Träumen ins Wanken. Jede Methode hat ihre Kehrseite, bringt neben wertvollen neuen Erkenntnissen auch Zweifelhaftes. Aber das Wesentliche ist unseres Erachtens die dahinterstehende Absicht, unser Weltbild zu erweitern, ist unsere Begeisterung für die Formenvielfalt dieser Welt und der Glaube an ihre Bestimmung. Dies waren die drei Faktoren, die die Renaissance bewirkt haben.

Aber nicht nur unsere Literatur, sondern unsere gesamte Kultur hält mit dem immer rascheren Wachsen unseres Wissens, mit der den ganzen Planeten erfassenden Umstrukturierung der menschlichen Gesellschaft und dem veränderten Selbstbewußtsein der Menschheit nicht mehr Schritt. Es wäre töricht, wollte man sich nur um die Literatur streiten – ein barockes Scharmützel im Zeitalter der Weltraumfahrt. Wenn wir uns umblicken, sehen wir, wie allenthalben geistige Strömungen zusammenfließen, durch die das herkömmliche Menschen- und Weltbild in Frage gestellt wird. Täglich gelangen stoßweise Bücher auf unseren Schreibtisch, die erkennen lassen, daß an die Stelle der heute noch als »modern« bezeichneten Kultur eine neue Kultur tritt. Ein sowjetischer Science-fiction-Roman greift den Gedanken des Mutanten oder eines Kontakts mit intelligenten Wesen aus dem Weltall auf. In Großbritannien hat Priestley einen Roman mit dem Titel *»Saturn über dem Wasser«* veröffentlicht, der noch weit kühner ist als *»Aufbruch ins dritte Jahrtausend«*. In Deutschland schlägt Ceram, der sein Leben der Deutung der Vergangenheit gewidmet hatte, plötzlich ganz andere Töne an und veröffentlicht unter seinem richtigen Namen Kurt Marek *»Provokatori-*

sche Notizen«, in denen er sich im Namen der nahen Zukunft gegen die erstarrten Formen unserer Kultur auflehnt. Man könnte noch viele Beispiele dieser Art anführen, und wir werden es in unserer Zeitschrift *Planète* auch tun. Noch ist die Aufmerksamkeit der Allgemeinheit nicht geweckt, beschränken sich die neuen Einsichten auf einige wenige Menschen, die man gern als überspannt abtut. Aber wir wissen jetzt, wie Revolutionen entstehen, wir wissen, daß bereits im geheimen eine weitverzweigte Organisation existiert, während man noch glaubt, es mit einer Rebellion einzelner zu tun zu haben.

Natürlich haben wir nicht die Absicht, unsere traditionelle humanistische Kultur als Ganzes kurzerhand zu verwerfen. Auch wenn sie nicht mehr der ganzen Wirklichkeit entspricht, brauchen wir sie doch noch, um bestimmte Fragen beantworten zu können, die sich nur mit Hilfe des klaren Verstandes und der unabdingbaren Achtung vor der menschlichen Person beantworten lassen. Diese Fragen sind zu allen Zeiten ebenso zahlreich wie dringlich, und wir müssen uns hüten, sie außer acht zu lassen. Täten wir dies, so würden wir in unserem Bemühen, den Humanismus zu überschreiten und zum Wesentlichen vorzustoßen, die Lösung der aktuellsten Probleme der Unkultur überlassen. Man kann nicht in den Labors Genies und in der Ersten-Hilfe-Station Barbaren wirken lassen. Vielmehr geht es darum, zwischen Problemen zu unterscheiden, die in ihrem Kern völlig verschieden sind. Die Probleme, die uns beschäftigen, erfordern – nicht etwa zu ihrer Lösung, sondern allein schon zu ihrer Wahrnehmung – eine Geisteshaltung, die weit über das hinausgeht, was unsere etablierte Kultur voraussetzt. Wie können wir ein Weltbild erarbeiten, das den ins Phantastische vorstoßenden Erkenntnissen der Naturwissenschaften entspricht? Wie können wir die Zukunft der Menschheit in ihrer Vermassung und planetenweiten Umstrukturierung erfassen? Wie läßt sich die innere Welt des Menschen mit einer außer ihm liegenden Wirklichkeit verknüpfen, die, wie wir heute wissen, sich ins Endlose erstreckt? Nichts bereitet uns auf diese gewaltigen Fragen vor, nichts hilft uns, sie zu stellen. »Wir leben heute in einer Welt«, schreibt Oppenheimer, »in der Dichter, Historiker und Philosophen voller Stolz erklären, sie dächten nicht einmal entfernt an die Möglichkeit, irgend etwas, das mit den Naturwissenschaften zu tun hat, zu erlernen; für sie steht die Wissenschaft am Ende eines langen Tunnels, der viel zu lang ist, als daß ein gewitzter Mann auch nur den Kopf hineinstecken würde. Unsere Philosophie – sofern wir überhaupt eine haben – ist also eindeutig anachronistisch und unserer Zeit ganz und gar nicht angemessen.« Allerdings stimmt es, daß die Wissenschaftler nur allzu oft unfreundliche Gastgeber sind. Nur wenige Fachleute sind wie Dr. Burton der Meinung, daß man »der Wissenschaft einen schlechten Dienst erweist, wenn man die interessierten Laien entmutigt«. Aber das ist eine Schwierigkeit, die sich leicht meistern ließe. Wir maßen uns keineswegs an, eine neue Philosophie aufzustellen. Wir wollen lediglich eine Vielzahl von Suchern in alle Richtungen aussenden, neue Fragen aufwerfen und nach neuen Antworten Ausschau halten. Ein altes Sprichwort sagt: »Wer viele Fragen stellt, erscheint oft dumm, aber wer keine Fragen stellt, ist zeitlebens dumm.«

An vielen Stellen im Bereich menschlichen Wissens und menschlicher Schöpfung versagt unsere allgemeine Lebensphilosophie oder erweist sich als unzureichend. Wir wollen diese Stellen ausfindig machen, uns ihrer unverzüglich annehmen und versuchen, die Dinge richtig zu sehen und zu verstehen. Das kann auf einem Teilbereich der Zoologie, der Biologie, der Archäologie, der Psychologie, der Mathematik, der Geschichte oder der Künste geschehen. Es gibt keine geschlossene Front, sondern wie bei allen Revolutionen eine Vielzahl von Schauplätzen.

Dies also ist die Rolle, die wir zu übernehmen gedenken: Wir wollen Zeugen einer Untergrundbewegung sein, die neue Formen des Handelns und Denkens herausbildet. Wir wollen in der Geschichte die Verknüpfungen mit der Welt von morgen suchen.

Eine zweite Renaissance

Louis Pauwels

»Während wir an jenem Abend in unserer Wohnung in der Baker Street beim Rauche einer Zigarre plauderten, meinte Sherlock Holmes: ›Dies ist ein Fall, in dem wir gezwungen waren, durch Schlußfolgerungen von den Wirkungen zu den Ursachen zu gelangen.‹«

Sir Arthur Conan Doyle

Ich glaube nicht an eine spontane Entfaltung des Genies. Vielmehr bin ich der Überzeugung, daß es in der Menschheitsgeschichte Augenblicke von ganz besonderer Bedeutung gibt. Die Vorstellung vom einsamen Genie, vom Auserwählten, den plötzlich der Blitz der Erkenntnis trifft und dessen Feuer mit einem Schlag die verblüfften Massen erleuchtet, ist meines Erachtens falsch. Betrachtet man die Fotografie eines Kunstspringers, so wird man wohl kaum behaupten, daß der Betreffende fliege, frei in der Luft schwebe. Wohl gleicht er für einen kurzen Augenblick dem Vogel, aber tatsächlich wird er von der Schwerkraft in die Tiefe gerissen. Nicht anders verhält es sich mit dem Genie. Der Dichter Pierre de Ronsard (1524 bis 1585) hat ausgezeichnet den Zauber der Natur, das Lebensglück und die Wirren der Liebe zum Ausdruck gebracht. Aber das war ihm nur möglich, weil eine gewaltige Umwälzung unseren Planeten in seinen Grundfesten erschütterte und sich ein neues geistiges Klima verbreitete, das bewirkte, daß man ganz anders im Buch der Natur las, neue Dimensionen des menschlichen Daseins und neue Aspekte der Liebe entdeckte. Der mächtige Atem der Renaissance, der Asien verwandelte, Ägypten auslöschte, das Abendland umgestaltete, die Kirche erschütterte, die Wissenschaft neu belebte, die Antike wiedererweckte und eine Zukunft vorbereitete, in der noch wir Heutigen leben, erzeugte in Ronsards Flöte eine liebliche, wohlabgestimmte, heitere, herzerfrischende Melodie von blumiger Freiheit und verhaltener Jugendlichkeit – ein Morgenständchen als fröhliche Begleitmusik angenehmen Lebens. Daß ein solcher Sturm in einer Flöte so menschliche Melodien erstehen läßt – das ist das Wunder der Dichtung.

Zu der Zeit, da Ronsard im ruhigen, sonnigen Vendômois geboren wurde, verwandelte sich unser Planet, entdeckten die Menschen eine neue Wirklichkeit. Was spielte sich ab? Die Welt des Mittelalters hatte ihre enge Bahn vollendet. Ich möchte keineswegs an dem alten Klischee festhalten, daß die Zeit des Mittelalters in der Menschheitsgeschichte eine Epoche des Obskurantismus, der Unwissenheit darstelle; neuere Untersuchungen über die dichterischen und wissenschaftlichen Strömungen der Alchimie, Analysen der Schriften eines Roger Bacon, Basilius Valentinus und anderer beweisen, daß damals kühne Geister am Werke waren, unermüdliche Forscher, die man als geniale Vorläufer bezeichnen kann. Dennoch waren die sozialen Strukturen erstarrt; die alles beherrschende Scholastik verhinderte in der Welt des Geistes echte Fortschritte.

Die Welt des Mittelalters war eine eng beschlossene, von Schrekken und Wundern umgebene Welt. Der weite Horizont der Antike war stark eingeengt worden; man richtete den Blick nach oben, auf Gott. Die Weltkarte bestand zu einem großen Teil aus weißen Flächen, die man den Dämonen und Fabelwesen überließ. Als Marco Polo im 13. Jahrhundert seinen abendländischen Zeitgenossen von China (von ihm Khatai genannt) Kunde brachte, erkannte niemand, daß es sich um das gleiche Land handelte, von dem Ptolemäus unter dem Namen Serica berichtet hatte, und das im *»Buch der Wunder«* geschilderte Khatai wurde auf einer mythischen Karte in jenen fernen Regionen angesiedelt, die man ganz allgemein mit dem Namen Indien belegte. Das Abendland wußte nicht mehr von Asien, wie ihm auch die große Welt der Antike praktisch unbekannt war.

Im 15. Jahrhundert aber wurden plötzlich die Tore aufgestoßen. Der portugiesische Infant Heinrich der Seefahrer schickte Expeditionen aus, die Afrika neu entdeckten. Der schwarze Kontinent, in den der Islam eingedrungen war, während die Europäer von ihm keinerlei Kenntnis hatten, trat plötzlich in ihr Blickfeld. Wenig später umschiffte Diaz das Kap der Guten Hoffnung und öffnete so den Seeweg nach Indien. Vasco da Gama erschloß den Indischen Ozean wieder europäischen Schiffen, die seit einem Jahrtausend dort nicht mehr gesehen worden waren. Inzwischen landete Christoph Kolumbus, der im Westen den Seeweg nach China und Japan suchte, auf Guanahani und Kuba und entdeckte später an der Mündung des Orinoco einen neuen Kontinent, den allerdings erst Amerigo Vespucci zu Beginn des 16. Jahrhunderts als solchen erkannte. 1513 gelangte Cabral nach Brasilien. Von der Höhe der mittelamerikanischen Gebirge herab erblickte Balboa zum erstenmal den Pazifischen Ozean. Plötzlich zeigte sich die Welt den Menschen in ihrer ganzen Größe und Vielfalt. Dies läßt sich durchaus mit der Entdeckung der Unendlichkeit des Weltalls in unserer Zeit vergleichen: Eine neue Dimension tat sich auf. Vasco da Gama wagte es, die Erde zu umsegeln. Nur eine seiner fünf Karavellen gelangte nach der Umrundung in den Heimathafen Sevilla zurück. Dies war das wichtigste Ereignis in der Menschheitsgeschichte bis zur Erdumkreisung durch den ersten Astronauten.

Der erste Abschied vom Orient

In den dreißig Jahren vor Ronsards Geburt gaben die dreihundert Schiffe, über die Portugal verfügte, dem Erdball eine neue Struktur. Sie fuhren nach Afrika und Asien, ankerten in indischen und chinesischen Häfen, verlegten den wirtschaftlichen Mittelpunkt der Erde an die europäische Atlantikküste, bewirkten den Abstieg der Mittelmeerländer und veränderten das Geschick des christlichen Abendlandes. Aber während die Handelswege geöffnet wurden, brach ein bis dahin bestehender geistiger Austausch ab. Dies wird von Jacques Pirenne in seiner umfassenden Arbeit *»Les Grands Courants de l'Histoire Universelle«* deutlich aufgezeigt. Das alchimistische Denken, das unter der Oberfläche im ganzen Mittelalter lebendig war, hing eng mit dem Geistesleben und der Wissenschaft der Araber zusammen und dadurch mit orientalischen und antiken Traditionen. Zudem darf nicht vergessen werden, daß das Abendland seit dem 11. Jahrhundert stark durch den Orient beeinflußt worden war; der Kontakt zwischen dem geheimnisvollen Asien und Europa hatte den Abendländern eine gewisse Verfeinerung und Großzügigkeit, einen Hang zum Luxus und zur Sinnenfreude, eine Neigung zum Phantastischen und zu ausgelassener Fröhlichkeit vermittelt. Während jedoch Spanier und Portugiesen auszogen, die Meere zu erobern, und dabei einen großen Vorsprung vor den durch den Hundertjährigen Krieg geschwächten Franzosen und Engländern gewannen, versuchten die Türken, für sich ein neues Römerreich aufzubauen, und besetzten nach und nach die byzantinischen Gebiete. Ihre Militärdiktatur erdrückte die arabische Kultur. Konstantinopel war eine Drehscheibe zwischen Orient und Okzident gewesen. Die Kultur von Córdoba, in der sich hellenistische, persische und abendländische Elemente zusammengefunden hatten, war einer der geistesgeschichtlichen Höhepunkte gewesen. 1453 versiegte durch die Einnahme von Konstantinopel eine Strömung, die vier Jahrhunderte lang zwei große Kulturkreise verbunden hatte. Weise und Gelehrte kamen um, unschätzbar reiche Bibliotheken wurden ein Raub der Flammen. Von da an hatte das Abendland keinen Kontakt mehr mit einer bestimmten Form des Traumes und der Meditation, mit einem bestimmten mathematischen und metaphysischen Wissen, mit einer poesievollen, mystischen Welt, in der sinnenfällige Ästhetik und strengste Abstraktion nebeneinander bestanden hatten.

In dem Augenblick, da das Abendland die Weltmeere eroberte, riß die Verbindung mit der Geistigkeit des Ostens ab; der Orient versank in einen Dornröschenschlaf. Europa, von tiefgreifenden sozialen Umschichtungen erfaßt und plötzlich reich geworden, schickte sich an, die Erde zu kolonisieren. Seine Verstandeskräfte und seine politische Macht nahmen gewaltig zu, aber mit seinen Tugenden und mit seinem höheren, rein geistigen Wissen ging es bergab. Europa ging dem Materialismus und Rationalismus entgegen, die ihm zunächst ungeahnte Möglichkeiten eröffneten, es aber dann in die Gefahr der Selbstvernichtung stürzten, der wir in unserer Zeit mit knapper Not entronnen sind. Die Gegenwart steht wieder inmitten großer Umwälzungen; wie zu Beginn des 16. Jahrhunderts rüttelt der menschliche Geist erneut an seinen Grundlagen.

Versiegte Quellen

Im Zeitalter der Renaissance ging zum erstenmal in der Geschichte unseres Planeten die Sonne im Westen auf. Asien war durch die brutale Expansion der türkischen Macht und die von See her geführten Eroberungen der Portugiesen zerschlagen. Im Mittelmeerraum durch die Osmanen, an den Gestaden des Indischen Ozeans durch die Portugiesen vom Meer abgeschnitten, kapselte Asien sich ab, zog sich auf seine eigenen Reichtümer und Geheimnisse zurück. Alle Möglichkeiten für einen Ideenaustausch waren unterbunden. Der sagenhafte Erdteil spaltete sich in zwei Welten. Der ausschließlich auf China ausgerichtete Ferne Osten verschanzte sich bald gegenüber dem Abendland, während das muselmanische Asien seinerseits dreigeteilt war: in das unter einer strengen Militärherrschaft erstikkende Osmanische Reich, in das einem radikalen Nationalismus huldigende Perserreich und in das indische Feudalreich, das von einer türkischen Militäraristokratie beherrscht wurde.

Ägypten, einst eine Wiege der Kultur, eine Hochburg der Weisheit und Geistigkeit, verlor nach der Zerstörung Alexandrias jegliche Bedeutung.

Das Abendland stieg auf, den am Atlantik beheimateten Eroberern standen alle Wege offen, aber gleichzeitig kapselten sich die alten Hochkulturen des Ostens ab. Die Ausbreitung abendländischer Macht ging mit einer wachsenden Isolierung Hand in Hand. Der Preis für die Ausbildung des modernen Bewußtseins war der Bruch mit einem uralten kulturellen und geistigen Erbe. Auf die vertikale Bewegung des Geistes – das Herabsteigen der Wahrheit vom Himmel auf die Erde und die Rückkehr der fleischgewordenen Wahrheit in den Himmel –, die nicht nur für die christliche Kultur des Mittelalters, sondern auch für die arabische, die indische, die chinesische und die ägyptische Kultur maßgebend gewesen war, folgte im Westen eine horizontale Bewegung, eine Ausdehnung der Kenntnisse auf der Ebene des Menschen, eine Erweiterung der erdgebundenen menschlichen Möglichkeiten, ein humanistischer Imperialismus. Die christliche Kultur der Feudalzeit ging damit zu Ende. Zumindest teilweise erklärt sich dieses Ende durch den Bruch mit der Geistigkeit des Ostens. Die Kirche wurde ärmer, die Religion wurde in gewissem Umfang verweltlicht. Es war, als ob sich das Christentum von seinen Ursprüngen gelöst hätte, als ob seine ureigensten Quellen versiegt wären.

Gewiß war auch noch das 16. Jahrhundert ein christliches Jahrhundert – man denke nur an die großen Religionskriege. Aber, um mit Léopold Sédar Senghor zu sprechen: »Zum erstenmal unterschied man zwischen Sakralem und Profanem.« Nun war sogar der Glaube bemüht, sich auf die Vernunft zu gründen. Schon kündigte sich der Formalismus des 17. Jahrhunderts mit seiner pompösen, verstandesmäßigen »Paradereligiosität« an.

Die Rückkehr zu den Quellen

Während Europa sich so veränderte, sprach es allem, was nicht europäisch war, was nicht an seinem aufs Praktische gerichteten, auf Vernunft gründenden, auf Macht zielenden Geistesleben teilhatte, jegliche Realität ab. Im 17. und 18. Jahrhundert dachte kein Mensch daran, dem Geist oder der Seele des Ostens irgendwelche Größe zuzuerkennen. Den Islam nahm man nur in Gestalt der Liebesgeschichten aus Tausendundeiner Nacht zur Kenntnis, Indien durch die galanten Stücke von Rameau. Drei Jahrhunderte lang glaubte der humanistische Westen den Höhepunkt der Entwicklung darzustellen, unangefochten über die ganze Erde zu herrschen, von deren nichteuropäischen Bewohnern man annahm, daß sie auf einer primitiven geistigen Stufe stehengeblieben seien.

Der Ideenaustausch zwischen Okzident und Orient wurde erst in der zweiten Hälfte des 19. Jahrhunderts wieder aufgenommen. Durch Schopenhauer und Nietzsche verbreitete der Orient über den seiner selbst allzu sicheren Okzident eine mächtige untergründige Unruhe. René Guénon und seine Schüler wandten sich zu Beginn des 20. Jahrhunderts wieder dem traditionellen Denken zu, kehrten zu den Quellen religiöser Geistigkeit zurück. Und schließlich stellte die Wissenschaft die seit dem 16. Jahrhundert erarbeiteten Grundstrukturen des Wissens und der Erkenntnis in Frage, während gleichzeitig China, Afrika, Indien, die islamische Welt aus ihrem langen Schlaf erwachten und sich mit den vom Westen geschmiedeten Waffen einen Platz auf der politischen Bühne des Planeten eroberten.

Die Wiederentdeckung der Freiheit

Der Hundertjährige Krieg führte zu einer Auflösung der Feudalstrukturen. Die Macht ging vom Ritterstand, dem Kriegsadel und der Ordensgeistlichkeit, deren Gewalt von Gott stammte, auf den Amtsadel und die Weltgeistlichkeit über, die an die Stelle des göttlichen Rechtes das Menschenrecht setzten. Durch die größeren Maschen dieser Strukturen konnte ein gewisses Maß an Freiheit Einzug halten. Die wachsende ökonomische Bedeutung der Städte brachte einen Aufstieg des Bürgertums mit sich. Gewerbe und Handel blühten, neue Reichtümer kamen in die Häfen Europas.

All dies führte zu einer Liberalisierung des Geisteslebens: Der Mensch gewann als Individuum neue Bedeutung, man berief sich auf die Vernunft und beanspruchte das Recht, in Freiheit zu prüfen. Hand in Hand mit den geographischen Entdeckungen ging die Erforschung der Realitäten, von denen sich der Mensch umgeben sah. Der Kompaß erlaubte es den Schiffen, alle Meere zu befahren; die Erfindung des Buchdrucks mit beweglichen Lettern brachte eine Fülle neuer Ideen in Umlauf. Mit dem Schwung wiedergefundener Jugend machte der Forschergeist in einer Welt, in der mittelalterliche Wunder neben den Wundern wissenschaftlicher Experimente existierten, erstaunliche Fortschritte. Leonardo da Vinci, ein Jules Verne seiner Zeit, entwarf einen Taucheranzug, ein Unterseeboot, ein Flugzeug und erkannte bereits in großen Umrissen das Prinzip der Schwerkraft. Kopernikus verkündete die Kugelgestalt der Erde und behauptete, daß sich unser Planet um die Sonne dreht. Mercator (Gerhard Kremer) schuf die Grundlagen der wissenschaftlichen Geographie. Andreas Vesalius begründete die neuzeitliche Anatomie, Ambroise Paré wies der Chirurgie neue Wege, und Agricola (Georg Bauer) setzte das Fundament der Gesteins- und Bergbaukunde. Das deduktiv gewonnene Wissen verdrängt das geoffenbarte Wissen, der Zweifel erschüttert die Autorität, Erstaunen triumphiert über die Gewißheit, der Verstand über den Glauben.

Die Entwicklung der Gesellschaft, die zu einer individualistischen Rechtsauffassung zurückfand, die großen Entdeckungen, die den Westen seiner selbst bewußt werden ließen, fielen mit einer Rückkehr zur antiken Geisteswelt zusammen. Sieben Jahrhunderte lang war die Verbindung zu dieser Welt unterbrochen gewesen. Was man nun fand, war nicht eigentlich neu, sondern lediglich vergessen.

Die Jugendlichkeit der Alten

Die Renaissance ging von Italien aus. Petrarca erweckte das römische Epos zu neuem Leben, Boccaccio führte wieder das Studium des Griechischen ein. 1440 gründete Plethon in Florenz eine platonische Akademie. Nach dem Fall von Konstantinopel kamen zahlreiche Gelehrte in den Westen und brachten kostbare Manuskripte mit, die sie hatten retten können. Massilio Filino begründete die griechische Sprachwissenschaft, Pico della Mirandola brachte das Studium des Hebräischen in Mode. Christoph Kolumbus kopierte zweimal den Chor aus dem zweiten Akt der »*Medea*«, einer Tragödie des Sophokles, in dem der Dichter von einer Welt spricht, deren Entdeckung späteren Jahrhunderten vorbehalten sei. In Aristoteles' »*De Caelo*« fand er die Behauptung, daß die Erde eine Kugel sei. Als Descartes geboren wurde, kannten schon viele Menschen der Renaissance den Satz des Aristoteles: »Wer sich bilden will, muß zuerst einmal zu zweifeln verstehen, denn der Zweifel des Geistes führt zur Entdekkung der Wahrheit.« Sie wußten bereits, daß Demokrit nur jene Experimente gelten ließ, denen er selbst beigewohnt und deren Ergebnisse er durch den Aufdruck seines Siegelringes anerkannt hatte. Pythagoras hatte schon vor Newton das Gesetz aufgestellt, daß bei zwei Körpern, die sich gegenseitig anziehen, die wirkende Kraft umgekehrt proportional dem Quadrat der Entfernung ist. Thales hatte die Milchstraße beschrieben, bei Lukrez findet sich die Vorstellung von einem unendlichen, von einer Unzahl von Welten erfüllten Raum, Plutarch hatte die Gesetze der Schwerkraft vorausgeahnt. Galilei und Newton betonen ausdrücklich, wieviel sie den Denkern der Antike verdanken. Kopernikus schreibt im Vorwort zu seinem Hauptwerk, daß er bei der Lektüre antiker Autoren auf den Gedanken gekommen sei, daß die Erde sich bewege.

Die Renaissance war weit mehr als eine Rückkehr zur griechisch-römischen Literatur und Ästhetik. Das im Keim bereits in den Schriften antiker Forscher enthaltene moderne Denken kam im günstigen Klima des 16. Jahrhunderts zur Blüte, und noch heute ernten wir seine erstaunlichen Früchte. Sogar die Kernphysik scheint bereits in der Antike vorausgeahnt worden zu sein. Roger Bacon schreibt in seinem *»Brief über die Wunder«:* »Entsprechend den paar Beispielen, die ich zu Natur und Kunst gegeben habe, können wir aus einem Ding mehrere Dinge ableiten, das Ganze aus den Teilen und das Allgemeine aus dem Besonderen. Außerdem haben wir gesehen, daß es sinnlos wäre, die Magie zu Hilfe zu nehmen: Uns genügen Natur und Wissenschaft.«

Allerdings war dieser auf die Antike zurückgehende Forschergeist, das gleichzeitig auf die Zukunft gerichtete und aus uralten Wissensquellen gespeiste Verlangen, im Buch der Natur zu lesen, auch im Mittelalter nie ganz erloschen. Vermutlich wurden dieser Geist und dieses Verlangen im ganzen christlichen Mittelalter durch die Alchimie am Leben erhalten. Im 16. Jahrhundert zirkulierten handschriftliche und gedruckte Arbeiten von Alchimisten, vor allem die Schriften des Basilius Valentinus, für die sich später Leibniz begeistern sollte: »Ich beschloß, die Natur zu studieren und durch ihren Aufbau ihre Geheimnisse zu erforschen, das, was nach den ewigen Dingen zu den höchsten Dingen dieser Erde zählt.«

Ab 1540 gab es in Deutschland und ab 1545 in Frankreich erste Spuren jener Gruppierungen, aus denen die Freimaurerei hervorgehen sollte. Um die gleiche Zeit entstand das Kollegium der Brüder vom Rosenkreuz, in dem sich Menschen zusammenfanden, deren Interesse sowohl der Vergangenheit als auch der Zukunft galt. Freimaurer und Rosenkreuzer spielten bekanntlich in der Französischen Revolution eine entscheidende Rolle.

Von Italien griff die Bewegung der Renaissance bald auf Frankreich über. Als sich Ronsard, Antoine de Baïf und Joachim du Bellay im Schatten Dorats, des Lehrers antiker Literatur, zusammenfanden, verfolgten sie zweifelsohne das Ziel, die französische Dichtung zu erneuern. Aber das Streben nach etwas Neuem, das sie erfüllte, ihre leidenschaftliche Suche nach neuen Erkenntnissen und ihre Manie, griechisch-römische Sujets in Verse zu setzen, ging weit über ein rein literarisches Interesse hinaus. Sie standen in einer Strömung, die die Menschheit des Abendlandes mit sich fortriß. Ihre rein literarischen Bestrebungen waren Teil einer kollektiven Bewegung. Ihre Ziele konnten sie nur insofern erreichen, als diese Bewegung außerordentlich kraftvoll war.

Sie waren von einer kaum vorstellbaren Begeisterung erfüllt. Ronsard befaßte sich mit seinen Studien bis gegen zwei oder drei Uhr morgens, dann weckte er Baïf, der aufstand, die Kerze übernahm »und den Stuhl nicht kalt werden ließ«. In diesen Kollegien, in denen man aus den antiken Texten einen neuen Geist schöpfte, herrschte eine außerordentlich strenge Disziplin. André Berry schreibt in seinem ausgezeichneten Buch über Ronsard: »Um vier Uhr wurde geweckt. Ein Schüler ging von Zimmer zu Zimmer, um alle wachzurütteln, die noch in den Betten faulenzten, und die Kerzen anzuzünden. Nach dem Morgengebet begaben sich die Schüler gegen fünf Uhr zum Unterricht, einen Leuchter in der Hand, ihre dicken Bücher unter dem Arm. Bis um zehn Uhr folgten sie ohne Pause der Vorlesung des Lehrers. Um halb elf Uhr wurde zu Mittag gegessen. Nach Beendigung der Mahlzeit konnten sich die Schüler bei der Lektüre der Werke des Sophokles, Aristophanes, Euripides, manchmal Vergil, Cicero oder Horaz entspannen. Um dreizehn Uhr begann der Unterricht von neuem. Er dauerte bis fünf Uhr. Danach mußte der Studierende in seinen Büchern die vom Lehrer zitierten Texte suchen. Dann ging man in die Kapelle, um die Komplete zu beten. Zu Bett ging man im Winter um acht Uhr und im Sommer um neun Uhr.«

Im Winde der Freiheit verschwindet jede Müdigkeit. Das Studium antiker Weisheit führt zum Wissen von morgen, die Untersuchung der Lieder des antiken Menschen zum Klang der Stimmen von morgen. Ronsard bezeichnete Dorat als den »Erwecker der toten Wissenschaft«.

Zwischen der Renaissance und unserer Zeit gibt es auffallende Entsprechungen. Wie sich die Menschen des 16. Jahrhunderts ohne Vorurteile mit der Welt der Antike befaßten, so gehen wir daran, die ferne Vergangenheit der Menschheit zu erforschen; während wir weit vorausschauen, richten wir gleichzeitig unseren Blick so weit in die Vergangenheit zurück, wie nur irgend möglich. Die jüngsten aufsehenerregenden Fortschritte von Archäologie, Völkerkunde und Paläontologie und der Geist, der sich hierbei manifestiert, lassen sich mit jener Bewegung vergleichen, die die Menschen der Renaissance zu den griechisch-römischen Quellen zurückführte. Wir versuchen die fernsten Kulturen zu verstehen, die ersten Spuren der Menschheit zu entdecken, während wir zur gleichen Zeit mit Hilfe von Raketen in außerirdische Regionen vorstoßen. Während wir in die unendliche Weite des Alls aufbrechen, bemühen wir uns, unsere Ursprünge zu erforschen. Wie unsere Vorfahren spürten, daß sich die Grundstrukturen des mittelalterlichen Geisteslebens und die kulturellen Strukturen des christlichen Mittelalters auflösten, so spüren wir, wie die Grundfesten der humanistischen Kultur erschüttert werden und die Strukturen des modernen Wissens, des kartesianischen Denkens, das im 19. Jahrhundert in höchster Blüte stand, allmählich zerbrechen. »Seit langem schon«, schreibt Oppenheimer, »sollten wir uns eine eingehendere Untersuchung der Natur des menschlichen Erkenntnisvermögens und der Beziehungen zwischen Mensch und Universum zur Aufgabe gestellt haben.«

Wir wollen gleichzeitig aus untergegangenen Kulturen lernen und Verbindung mit intelligenten Wesen im All aufnehmen. Wir durchforschen den Kosmos auf der Suche nach einem Anderswo, und wir durchforschen unseren Planeten auf der Suche nach unseren Ursprüngen. Wir spüren, wie auf allen Gebieten – Naturwissenschaft, Psychologie, Soziologie – die Grenzen zerbröckeln, die noch gestern unsere Denkweise umschlossen. Wir gehen einer Zeit des Erwachens und der Wunder entgegen, in der alles möglich ist, in der der Geist einen tiefgreifenden Wandel durchmacht und sich den großen Geheimnissen der Schöpfung stellt. Es ist erstaunlich, daß dieser Zustand einer vollkommen freien Phantasie und eines bis aufs äußerste angespannten Bewußtseins, der sich in gewisser Hinsicht mit dem Zustand vergleichen läßt, den ein Künstler der Renaissance durchlebte, nicht eine dem neuen Menschen angemessene Dichtung und Musik erstehen läßt, einen Hymnus auf die Größe menschlichen Daseins; daß dieser mächtige Sturm nicht durch Worte unserer Generation einen harmonischen Ausdruck findet. Aber noch stehen wir am Anfang der Entwicklung. Unsere Kunst und Literatur sind noch von gestern, wie auch die Generation Franz' I. in der Vergangenheit stand und doch bereits durch den Ruf der Zukunft zerrissen war.

Warten und hoffen wir, daß in unserer Zeit der Wiedergeburt eine neue *Plejade* auf den Plan treten kann.

Drei Fenster zur Unendlichkeit

Jacques Bergier

»Der Zufall schuf die Entfernungen. Nur der Geist kann alles ändern.«
Beaumarchais

Wir senden Signale zu den Sternen aus

Den Vorschlag, sich mit möglichen Bewohnern anderer Planeten durch Lichtsignale zu verständigen, machte erstmals der deutsche Mathematiker Karl Friedrich Gauss; später wurde die Idee von dem französischen Dichter und Erfinder Charles Cros wieder aufgegriffen. Sie wollten in Sibirien oder der Sahara gewaltige Feuer anzünden, deren Anordnung der Darstellung eines klassischen Lehrsatzes der Geometrie entsprechen sollte, beispielsweise des pythagoreischen Lehrsatzes. Die vernunftbegabten Wesen auf anderen Planeten würden daraus den Schluß ziehen, daß auch auf der Erde intelligente Wesen ansässig seien, und durch andere Signale antworten. Der Gedanke fand rasch ein starkes Echo; zu Beginn des 20. Jahrhunderts vermachte sogar eine wackere Französin ihr Vermögen demjenigen, dem es gelingen würde, eine Möglichkeit zur Verständigung mit den Bewohnern anderer Planeten zu finden. Sie fügte jedoch in ihr Testament die Bedingung ein, daß der Betrag nicht ausbezahlt werden dürfe, wenn es sich bei dem fraglichen Planeten um den Mars handle, weil das – zu einfach sei. Man hat allerdings den Vorschlag niemals verwirklicht, weil er allzu absurd erschien. Immerhin wurde dadurch der irische Schriftsteller Lord Dunsany zu einer netten Erzählung inspiriert: Die Menschen stellen mit Hilfe riesiger Scheinwerfer in der Sahara den pythagoreischen Lehrsatz dar. Die Marsmenschen reagieren darauf, indem sie zunächst die gleiche Figur signalisieren, aber dann verschieben sie die Geraden, so daß eine neue Figur entsteht, die eine Potenz darstellt. Die Menschen verstehen, was gemeint ist; die Marsmenschen antworten: »Laßt uns in Ruhe!«

Aber im Gefolge einer neuen Erfindung, des Lasers, ist die Frage plötzlich wieder aktuell geworden. Der Laser ist ein elektronisches Gerät zur Erzeugung scharf gebündelter, sehr energiereicher Lichtblitze. Die Idee des Lasers geht auf die Arbeiten des französischen Wissenschaftlers Alfred Kastler zurück; sie wurde 1958 von den

Amerikanern Charles H. Townes und Arthur L. Schawlow wieder aufgegriffen. Im Juli 1960 baute T. H. Maiman in den Laboratorien der amerikanischen Hughes Aircraft Company das erste Lasergerät. Ein auf bestimmte Weise angeregter künstlicher Rubin sendet ein Licht aus, das heller ist als das Sonnenlicht. Die Lichtblitze, die von dem Kristall gebündelt und als intensiver roter Lichtstrahl ausgesandt werden, dauern etwa 1/2 Tausendstel Sekunde. Die Intensität des Blitzes ist unglaublich. Eine Fläche von weniger als einem Quadratzentimeter sendet eine Lichtenergie von 10000 Watt aus; bei der Sonne beträgt der entsprechende Wert nur 6 Watt. Der Lichtstrahl weicht auf einer Strecke von einem Kilometer maximal um einen Meter von seiner Bahn ab. Mit Hilfe von Laserstrahlen wäre es theoretisch möglich, auf die Mondoberfläche einen Lichtkreis mit einem Durchmesser von 5 Kilometern zu projizieren, der von weither sichtbar wäre. Aber damit sind die Möglichkeiten des Lasers noch nicht erschöpft. Wenn man die Strahlen konzentriert, kommt man zu einer Intensität von 100 Millionen Watt pro Quadratzentimeter!

Dabei steht diese Erfindung erst in ihren Anfängen. Der Präsident der Sowjetischen Akademie der Wissenschaften hat im Juli 1961 erklärt, er sähe den Bau von Lasergeräten voraus, die so stark seien, daß man damit Lichtsignale erzeugen könnte, die noch in einer Entfernung von Dutzenden von Lichtjahren sichtbar wären. Solche Signale könnten von möglichen Bewohnern der Planeten wahrgenommen werden, die Sterne wie Tau Ceti und Epsilon Eridani umkreisen. Dies ist also das erste Fenster, das heute zu anderen Welten hin offensteht.

Das zweite Fenster: Die Radioastronomie

Das zweite Fenster zur Unendlichkeit ist elektromagnetischer Natur. Es wurde erstmals vom größten Erfinder aller Zeiten aufgestoßen, von dem Amerikaner Thomas Alva Edison. Ein präzises Zeugnis gibt uns über seine Idee Auskunft. Edison zog als wissenschaftlichen Berater den Professor A. E. Kennelly heran, der als erster das Vorhandensein ionisierter Schichten in der oberen Atmosphäre vermutete. Am 2. November 1890 (vor Entdeckung der Radioaktivität, vor der Erfindung der Röntgenstrahlen, vor dem ersten Flugzeug) teilte Professor Kennelly einem Kollegen, Dr. Holden, dem Leiter des Observatoriums von Lick (USA), in einem Brief mit, Edison und er selbst wollten versuchen, von der Sonne ausgestrahlte elektromagnetische Wellen aufzuspüren; sie nähmen an, daß diese Wellen durch Eisenerz angezogen würden. Der Versuch glückte nicht, da die zugrunde liegende Annahme falsch war. Dennoch darf man Edison, den Vater des elektrischen Lichtes, auch als den Begründer der Radioastronomie betrachten. 1894 wurde seine Idee von Sir Oliver Lodge wieder aufgegriffen. Danach folgte eine Zeitspanne von 38 Jahren (1894–1932), in der die Radioastronomie den Science-fiction-Autoren vorbehalten blieb. Doch dann kam der Durchbruch. In der Dezembernummer 1932 erschien in der berühmten amerikanischen Zeitschrift *Proceedings of the Institute of Radio Engineers* ein historischer Aufsatz. Signiert war der Aufsatz mit dem Namen Carl Jansky. Dieser Techniker arbeitete für die Rundfunkgesellschaft Bell; er hatte die Aufgabe, mit Hilfe einer Richtantenne Störquellen aufzuspüren, die den Rundfunkempfang beeinträchtigten. Außer den Störgeräuschen, die durch elektromagnetische Stürme, Automobile und Flugzeuge erzeugt wurden, entdeckte er Geräusche, die auf elektromagnetische Wellen aus dem Weltall zurückgingen. Die Wellen wurden weder von der Erde noch von der Sonne ausgesandt. Sie kamen aus einer Richtung, die ins Zentrum unseres Milchstraßensystems führte. Damit war die Radioastronomie entdeckt. Ein amerikanischer Funkamateur namens Reber interessierte sich für Janskys Untersuchungen und errichtete in seinem Garten eine drehbare Parabolantenne mit einem Durchmesser von 10 Metern. Jansky arbeitete auf dem 15-Meter-Band. Reber baute einen Empfänger, der auf 60-cm-Wellen ansprach. Dann ging er daran, die ersten Radiokarten des unsichtbaren Himmels aufzustellen. Er entdeckte die von der Sonne ausgesandten Radiowellen und stellte fest, daß es im All unsichtbare Strahlungsquellen gibt, besonders in den Sternbildern Kassiopeia, Schwan und Stier. Seine Forschungsergebnisse veröffentlichte er zwischen 1940 und 1942. Um diese Zeit wurde das Radar erfunden. Gleichzeitig wandten sich auch die Sowjets unter der Leitung von I. S. Schklowsky der Radioastronomie zu. Damit war das zweite Fenster unseres irdischen Gefängnisses endgültig geöffnet. Nun war man imstande, Signale von Himmelskörpern zu entdecken, die sich in unglaublichen Fernen von unserem Planeten befinden.

Das dritte Fenster: Das Geheimnis Pontecorvos

Das dritte Fenster ist noch geschlossen, aber man ist dabei, es zu öffnen. Forschungsarbeiten in dieser Richtung wurden im Januar 1961 in der Sowjetunion angekündigt. Die Zeitschrift *Sowjetische Studien* veröffentlichte den folgenden ungewöhnlichen Text: »Stimmt es, daß man eine Möglichkeit gefunden hat, die ›Gegenwelt‹ zu entdecken? Daß man die Sonne durch die Erde hindurch sehen kann? Ein Bericht, der dem Kosmologischen Ausschuß des Astronomischen Rates der Sowjetischen Akademie der Wissenschaften zugeleitet wurde, war diesen und anderen Fragen gewidmet, die geradezu unglaublich sind.

Wir haben uns mit einem der Verfasser des Berichts unterhalten können, mit Professor Bruno Pontecorvo, korrespondierendes Mitglied der Sowjetischen Akademie der Wissenschaften: Er hat sich mit uns über die unglaublichen Eigenschaften des Neutrinos unterhalten, eines Elementarteilchens, das ein wichtiges Hilfsmittel zur Erforschung des Weltalls zu werden verspricht.«

Aber inwiefern können uns die Neutrinos bei der Erforschung des Alls helfen?

Bis jetzt haben uns nur elektromagnetische Wellen (Licht und Radiowellen) über das All Auskunft gegeben, und durch sie erhielten wir lediglich Aufschlüsse über die Oberfläche der Gestirne. Gebündelte Neutrinostrahlen hingegen werden uns erlauben, ins Innere dieser Sterne hineinzusehen. Denn die Sterne erzeugen Neutrinos in ungeheuren Mengen, zumindest jene Sterne, in denen ähnliche Kernverschmelzungen ablaufen wie in unserer Sonne.

Allerdings ist es heute noch nicht möglich, mit Hilfe der Neutrinos Radiogramme aus dem Kern ferner Gestirne zu erhalten, denn noch haben wir keine ausreichend empfindlichen Geräte, die die aufprallenden Neutrinos registrieren könnten.

Anders verhält es sich hinsichtlich der Sonne. In jeder Sekunde dringen -zig Milliarden von der Sonne ausgesandte Neutrinos durch jeden Quadratzentimeter der Erdoberfläche. Das ist eine unvorstellbare Zahl. Obgleich es sehr schwierig ist, einen solchen Neutrinostrom »einzufangen«, ist es doch möglich. Vermutlich ist die Zeit nicht mehr fern, da man die atomaren Vorgänge wird studieren können, die sich hinter der Chromosphäre und der Photosphäre der Sonne abspielen. Der Mensch wird mitten in den solaren »Kernreaktor« hineinschauen können und feststellen, welcher Art die Sonnenenergie ist.

Wenn man in die fernere Zukunft schaut, eröffnen sich für die Neutrinoastronomie noch erregendere Aussichten.

Für jedes Elementarteilchen gibt es ein Gegenstück, ein elektrisch gegensätzlich geladenes Spiegelbild. Das Gegenstück des negativ geladenen Elektrons beispielsweise ist das positiv geladene Positron. Unter Ladung versteht man allerdings in diesem Fall nicht nur die elektrische Ladung. Auch das Neutrino hat sein Gegenstück, das Anti-Neutrino. Sie unterscheiden sich durch ihren unterschiedlichen Spin: Das Neutrino dreht sich von rechts nach links, das Anti-Neutrino von links nach rechts. Theoretisch ist es nicht ausgeschlossen, daß es im Weltall Gestirne, Planeten und Galaxien aus Antimaterie gibt: die »Gegenwelt«.

Allerdings besteht bis heute keine Möglichkeit, festzustellen, ob eine solche Gegenwelt tatsächlich existiert. An einer Verifizierung der Hypothese ist jedoch den Physikern und Astronomen ungeheuer viel gelegen. Wenn man in diesem Punkt Gewißheit hätte, ließen sich viele Fragen hinsichtlich des Ursprungs der Galaxien beantworten.

Zumindest theoretisch bietet die Neutrinoastronomie die Möglichkeit, die Existenz einer Gegenwelt im All nachzuweisen. Die von der Sonne ausgesandten ungeladenen Elementarteilchen sind größtenteils Neutrinos. Anti-Neutrinos sind kaum nachweisbar. Eine »Gegensonne« würde wiederum vorwiegend Anti-Neutrinos ins All hinaussenden. Wenn man die Beziehung zwischen Neutrinos und Anti-Neutrinos in den von den Gestirnen ausgesandten Strahlungen feststellen könnte, wäre es möglich, zu entscheiden, ob wir es mit einem Himmelskörper von der Art unserer Sonne oder aber mit einer Gegensonne zu tun haben.

Entscheidende Gründe für den Pazifismus

Dies sind also die drei Fenster, die uns zur Unendlichkeit hin offenstehen. Aber können wir uns hinauslehnen? Können wir in Zukunft frei den Kosmos erforschen? Nein. Unsere eigenen Aktivitäten stören uns dabei: Für die Astronomie, die mit optischen Hilfsmitteln arbeitet, ist die Verschmutzung der Luft außerordentlich störend. Die Radioastronomie steht schon fast vor einer völligen Lähmung, denn die riesigen Radioteleskope, hochempfindliche Parabolantennen, nehmen alle elektromagnetischen Wellen auf. Sie empfangen Rundfunk- und Fernsehsender, Radarstationen, aber auch Elektromotoren, elektrische Rasierapparate, elektrisches Kinderspielzeug usw.

In den Vereinigten Staaten hat man Radioteleskope Hunderte von Kilometern von der nächsten menschlichen Siedlung entfernt aufgestellt. Die Forscher und Techniker, die dort arbeiten, fahren mit dem Fahrrad zur Arbeit. Die Benutzung elektrischer Rasierapparate ist verboten. Und doch genügen auch diese Vorkehrungen noch nicht, denn es gibt künstliche Satelliten, von Meteoren reflektierte Signale, Empfangsanomalitäten. Noch bedrohlicher ist für die Radioastronomen das von Amerikanern und Sowjets ausgearbeitete Projekt, einen Gürtel von Milliarden von Metallfolien in der Atmosphäre aufzubauen, der alle elektromagnetischen Wellen reflektiert. Mit solchen Folien hat man während des Zweiten Weltkriegs die Radaranlagen gestört. Zwar wären dadurch weltweite Rundfunk- und Fernmeldeverbindungen möglich, aber die Menschheit wäre damit für immer von den Gestirnen ausgeschlossen, da die aus dem Weltraum kommenden Wellen auf der Außenseite des Gürtels reflektiert und ins All zurückgespiegelt würden.

Schließlich protestieren die Radioastronomen auch gegen Atombombenexplosionen in großer Höhe, weil dadurch in der Atmosphäre höchst störende ionisierte Schichten geschaffen werden.

Dabei ist die Radioastronomie eine außerordentlich wichtige Wissenschaft. Sie eröffnet uns die Möglichkeit einer Verbindung mit intelligenten Wesen im Weltall und gibt uns Aufschlüsse über das Universum, die von größter Bedeutung sind.

Die Menschheit wäre unsagbar töricht, würde sie in dem Augenblick, da die Weltraumfahrt begonnen hat, eines der drei Fenster zur Unendlichkeit wieder schließen, sich im ungeheuren All freiwillig isolieren.

Noch existiert die dritte Form der Astronomie, die Neutrinoastronomie, nicht konkret. Aber wenn es sie eines Tages geben wird, werden wir die Möglichkeit haben, durch die Erde hindurch alle Kernenergiequellen zu lokalisieren. Wir werden feststellen können, wo Schwerer Wasserstoff gelagert wird, jenes Isotop, das für die Herstellung von Wasserstoffbomben notwendig ist. Einige Neutrinoteleskope in den Händen einer interkontinentalen Kotrollkommission würden ausreichen, um eine kontrollierte Abrüstung herbeizuführen.

Die Offenhaltung der drei Fenster hängt mehr von der Entwicklung der Menschheit als von der Entwicklung der Wissenschaft im engeren Sinn ab. Man müßte auf internationaler Ebene dafür sorgen, daß bestimmte Gebiete der Erde für Observatorien, Radioteleskope und Neutrinobeobachtungsposten reserviert bleiben. Durch internationales Gesetz müßte der Sendebetrieb auf jenen Wellenlängen, auf denen das zweite Fenster offen ist, generell verboten werden. Man müßte die fortschreitende Verseuchung der Atmosphäre durch Atombombentests verhindern. Die grundlegenden Interessen der Menschheit fallen mit den Interessen der fortschrittlichsten Wissenschaften zusammen.

Nun könnte man die Frage stellen: »Wozu? Ist die Menschheit nicht bis jetzt ohne Verbindung zu außerirdischer Intelligenz ausgekommen? Ist es wirklich sinnvoll, nach einer solchen Verbindung zu suchen?«

Als man Faraday fragte: »Wozu kann die Elektrizität nützen?«, gab er die treffende Antwort: »Wozu kann ein neugeborenes Kind nützen?«

Neue Hypothesen der modernen Astronomie

Jacques Bergier

Eine Fülle von Theorien

Seit der Mensch die Augen erhob, faszinierte ihn die Großartigkeit des Himmelszeltes. Es bedurfte vieler Jahrhunderte und immer feinerer Instrumente, bis er imstande war, das Gewebe dieses Zeltes zu erkennen. Sehen konnte er es, aber nicht ergründen. Denn kaum glaubt der Wissenschaftler, über den Aufbau des Kosmos Gewißheit zu haben, stößt ein Signal aus dem All seine Theorien wieder um. Allein im letzten Jahrzehnt hat es auf diesem Gebiet mehrere friedliche Umstürze gegeben.

Das All, wie es sich uns heute zu offenbaren beginnt, unterscheidet sich grundlegend von dem Universum, das man vor Beginn des Raumzeitalters zu kennen glaubte.

So betrachtet man jetzt die Kometen, von Nebel umhüllte Massen, deren Bahnen man zwar kennt, nicht aber ihren Ursprung, als verhältnismäßig junge Himmelskörper; manche sind kaum zehntausend Jahre alt und vermutlich durch Vulkaneruptionen von Riesensternen ins All geschleudert worden. Auch der Saturnring ist wahrscheinlich jüngeren Datums, noch unstabil und erst im Anfangsstadium einer Organisation. Auch in unserem Milchstraßensystem entstehen neue Himmelskörper, ebenso bilden sich neue Galaxien, möglicherweise sogar in ganzen Gruppen.

Zwischen den Galaxien sind unbekannte Kräfte wirksam, die mit der Schwerkraft nichts zu tun haben. Ganz allgemein sieht man heute das Universum nicht mehr als riesiges stationäres Ganzes; vielmehr glaubt man, daß es in ständigem Wandel begriffen ist. Und doch scheint es seit aller Ewigkeit zu existieren und räumlich nicht begrenzt zu sein.

Die Ausdehnung des Universums und die Flucht der Galaxien ins Unendliche hinaus (eine 1921 von Lemaître aufgestellte Theorie) gilt heute als ein lokales Phänomen, das sich auf die Reichweite unserer derzeitigen Beobachtungsinstrumente beschränkt; in anderen Regionen des Alls findet eine Kontraktion statt. Ebenso besteht das Universum vermutlich nicht aus einer an allen Orten gleichen Materie. Wahrscheinlich sind bestimmte Regionen des Kosmos aus Antimaterie aufgebaut, während anderswo eine Protomaterie existiert, also weder Materie noch Antimaterie, sondern ein neutrales Etwas, das sich von Zeit zu Zeit teilt, um Materie und Antimaterie entstehen zu lassen. Manche Regionen des Kosmos sind noch unorganisiert und befinden sich in einer Art Urzustand.

Diese Weltsicht steht zu unseren traditionellen Anschauungen im Widerspruch, läßt sich nicht mit dem vereinbaren, was wir gelernt haben. Und doch ist sie eine zwangsläufige Folge der in jüngster Zeit beobachteten Tatsachen. Wenn wir erst einmal über Observatorien im Weltall verfügen, wird sie weit weniger außergewöhnlich erscheinen.

Eine Milliarde bewohnte Planeten in unserem Milchstraßensystem?

Es scheint – besonders nach Ansicht der meisten sowjetischen Astronomen –, daß das Universum weder räumlich noch zeitlich begrenzt ist. Jenseits der Metagalaxis, der alle bekannten Milchstraßensysteme angehören, muß es noch andere Welten geben.

Die Metagalaxis besteht aus Hypergalaxien (Gruppen von Milchstraßensystemen). Zu unserem Milchstraßensystem gehören zwei »Satelliten«: der große Magellannebel, der 38000 Parsek von uns entfernt ist (1 Parsek = 3,26 Lichtjahre), und der kleine Magellannebel in einer Entfernung von 36000 Parsek. Der Andromedanebel ist ein System von fünf Galaxien. Zwischen den eine Gruppe bildenden Galaxien gibt es meist von Sternen gebildete »Brücken«. Die Galaxiengruppen sind gleichsam auf einer aus Sternen bestehenden Achse »aufgefädelt«. Solche Hypergalaxien können unvorstellbar gewaltig sein: Das Sternbild der Jungfrau besteht aus 3000, die Haare der Berenice aus 10000 Galaxien. Supergalaxien haben einen Durchmesser von 30 bis 40 Megaparsek. Die genaue Zahl der Supergalaxien, aus denen die Metagalaxie besteht, ist nicht bekannt. Und doch ist die Metagalaxie lediglich ein Bruchteil des unendlichen, grenzenlosen Universums, das seit Ewigkeiten existiert und in alle Ewigkeit existieren wird: Es ist leicht einzusehen, daß in einer so gigantischen Welt, die zum Teil unbekannt ist und deren bekannter Teil unendlich kompliziert ist, der menschliche Geist Mühe hat, die große Ordnung zu durchschauen.

Da das Universum endlos ist, kann es weder sich ausdehnen noch sich zusammenziehen. Nur die Metagalaxie dehnt sich aus. Sie bildete sich wahrscheinlich vor etwa zehn Milliarden Jahren durch die

Explosion einer Wolke aus Protomaterie, bei der, wie man annimmt, gleichzeitig eine aus Antimaterie aufgebaute Metagalaxie entstanden ist.

Wir leben in einem in Ausdehnung begriffenen Teil des Universums; in anderen Regionen finden Kontraktionen statt. Nach Meinung des russischen Wissenschaftlers G. I. Naan hat die Kontraktion in den anderen Regionen des Gesamtuniversums eine Umkehrung der Zeit zur Folge.

Manche Kosmogonisten, etwa Thomas Gold, vertreten die Ansicht, daß das Leben wie die Materie ewig ist und durch Lebewesen mit Hilfe von interstellaren Raumschiffen von Sonnensystem zu Sonnensystem verbreitet wird. Dies ist eine kühne Hypothese. Aber die meisten modernen Forscher, die sie ablehnen, geben immerhin zu, daß mancherorts im Universum hochorganisierte Formen des Lebens entstanden sein können, die weit mehr auf die Natur einzuwirken vermögen, als wir es auf der Erde beobachten können. Sie glauben, daß es allein in unserem Milchstraßensystem eine Milliarde bewohnte Planeten gibt.

Die Protomaterie oder Die Entstehung der Sterne

Diese Planeten kreisen natürlich um Sonnen; sie sind unterschiedlich alt. Der amerikanische Astronom Allan Sandage hat herausgefunden, daß manche möglicherweise bewohnte Planeten bis zu 28 Milliarden Jahre alt sein können.

Unser Planet ist vermutlich nur 4 Milliarden Jahre alt, und Leben gibt es auf ihm erst seit etwa 2 Milliarden Jahren. Wenn auf einem 28 Milliarden Jahre alten Planeten das Leben ebenfalls 2 Milliarden Jahre nach seiner Entstehung sich zu entwickeln begonnen hat, konnte es sich in 26 Milliarden Jahren vervollkommnen – das Dreizehnfache der Zeit, die dem Leben auf der Erde bislang zur Verfügung stand. Welchen Entwicklungsstand hat das Leben auf jenen Planeten erreicht? Vielleicht werden wir es eines Tages wissen, wenn wir Besuch aus dem All erhalten. Dieses einfache Beispiel zeigt, daß die Frage nach dem Ursprung der Gestirne nicht nur von akademischem Interesse ist.

Die traditionelle Astronomie lehrt, daß sich die Sterne durch Kondensation von staubartiger stellarer Materie bilden. Der sowjetische Astronom V. A. Ambartsumian widerspricht dieser Auffassung; seiner Meinung nach entstehen die Sterne aus unvorstellbar dichten

Protosternen, die nicht aus Materie oder Antimaterie, sondern aus Protomaterie gebildet sind. Diese Protomaterie hat eine unglaubliche Dichte, die etwa der des Atomkerns entspricht. Die Protosterne senden keine Strahlen aus und sind mit Teleskopen nicht wahrnehmbar. Aber die Resultate ihrer Explosionen werden als von Nebeln umgebene neu entstandene Sternhaufen sichtbar. Ambartsumian hat solche Sternhaufen entdeckt, besonders im Sternbild Perseus, wo sich Supernovae bilden. Auch in anderen Himmelsregionen hat er Sternhaufen gefunden, die noch keine 100 000 Jahre alt sind.

Der sowjetische Astronom behauptet keineswegs, die einzige Ursache und den einzig denkbaren Prozeß der Sternbildung entdeckt zu haben. Er schließt die Möglichkeit nicht aus, daß sich Sterne nach der klassischen Annahme durch Materiekontraktion bilden, doch hält er dies nur für einen Sonderfall, da sich seiner Ansicht nach Sterne nicht langsam, sondern sehr plötzlich durch einen explosionsartigen Vorgang bilden. Diese Theorie steht mit der neuesten Auffassung vom Universum in Einklang, nach der es kein stabiles Weltall, kein starres Universum gibt und geben wird.

Es ist denkbar, daß – wie ein Uranatom bei der Kernspaltung – eine Galaxie unter der Einwirkung von Kräften, die uns ganz und gar unbekannt sind, eine oder mehrere kleinere Galaxien entstehen läßt. Bei einer solchen Galaxienspaltung werden ungeheuer starke elektromagnetische Strahlungen frei, die von Radioteleskopen aufgefangen werden können. Man hat derartige Strahlungen besonders aus dem Sternbild des Schwans und des Perseus wahrgenommen.

Im Teleskop erscheinen die unstabilen Galaxien dieses Typs in einem charakteristischen Blauweiß, weil durch ihre Explosion Bruchstücke mit beträchtlicher Energie ins All geschleudert werden. Es ist sogar möglich, daß eine ganze Metagalaxie aus den Trümmern eines riesigen explodierten Körpers besteht; in diesem Fall wäre die Expansion des Universums in der Tat ein sehr lokalisiertes Phänomen.

Unsere Metagalaxie wäre demnach nichts anderes als ein »Winkel«, ein Sonderfall im Gesamtuniversum, das seinerseits sich weder ausdehnen noch zusammenziehen kann. Dann aber würde alles, was wir in unserer Metagalaxie beobachten, keinerlei Schlüsse auf das Gesamtuniversum zulassen. So wäre der Raum lediglich in unserer Metagalaxie gekrümmt.

Vielleicht müssen wir die Vorstellung von einem wie die Erdoberfläche gekrümmten, in sich geschlossenen Universum wieder aufgeben, zu der wir uns eben erst durchgerungen hatten. Wieder einmal zeigt es sich, daß wir uns vor Analogieschlüssen hüten müssen: Was unten gilt, gilt nicht unbedingt oben, das Atom ist kein Sonnensystem im kleinen, das Universum keine vierdimensionale Entsprechung der Erdoberfläche. Man kann das Universum nicht umkreisen, wie Magellan die Erde umsegelt hat. Wieder einmal hat uns unsere angeborene Geistesträgheit dazu verleitet, das Gesamtuniversum als eine Vergrößerung der uns bekannten Welt zu sehen. In Wirklichkeit ist und bleibt uns das Universum zum größten Teil unbekannt.

Aber sogar das unvorstellbare, unendlich große Universum ist wahrscheinlich nicht die ganze Wirklichkeit; darüber hinaus muß es mindestens noch ein zweites Universum geben, die Welt der Antimaterie.

Gibt es jenseits der Welt eine Gegenwelt?

Mit Hilfe riesiger Teilchenbeschleuniger war die moderne Wissenschaft imstande, Antimaterieteilchen wie Antiprotonen, Antineutronen usw. zu erzeugen. Solche Beschleuniger gibt es beispielsweise im Europäischen Kernforschungszentrum in Genf. Sie führen zur Entdeckung immer neuer Antiteilchen. Bis heute ist es noch keinem Wissenschaftler gelungen, aus diesen Teilchen im Laboratorium eine Antimaterie aufzubauen, aber theoretisch wäre dies möglich. Was der Mensch noch nicht vermochte, haben zweifelsohne die zusammenprallenden Welten längst verwirklicht.

Berühmte Wissenschaftler wie Geoffrey Burbidge und Fred Hoyle sind der Ansicht, daß »irgendwo« eine Gegenwelt aus Antimaterie existiert. Diese Welt liegt vielleicht jenseits des Raumes und in einer anderen Zeit. Sie könnte jedoch ebensogut neben unserer Welt im gleichen Raum und in der gleichen Zeit existieren. In diesem Fall wäre das Unbekannte dem Bekannten überlagert, eine Geisterwelt würde uns allenthalben begleiten, oder vielleicht begleiten wir sie. Burbidge und Hoyle glauben, daß sich die beiden Welten im großen Crab-Nebel begegnen, daß dort Materie und Antimaterie aufeinanderprallen und sich dabei vernichten. In der Tat sendet dieser Nebel ungeheuer energiereiche Strahlungen aus, elektromagnetische Wellen mit einer Intensität von 10^{33} Erg pro Sekunde, was etwa 100 Milliarden Atombomben vom Hiroshima-Typ in der Sekunde entspricht.

Wenn man von der beobachteten freigesetzten Energiemenge ausgeht, gelangt man auf rechnerischem Wege zu dem Schluß, daß in diesem Nebel auf 10 Millionen Materieteilchen ein Antimaterieteilchen kommen muß. Diese Stelle des Universums ist gleichsam ein riesiger Ofen, in dem die Welten verbrennen.

Möglicherweise besteht die Galaxie Messier 87 ganz und gar aus Antimaterie. Sie sendet sowohl sichtbares Licht als auch Radiowellen in ungewöhnlichen Mengen aus. Eine Erklärung dafür fände sich in der Annahme, daß es sich hier um einen aus Antimaterie gebildeten Vorposten der Gegenwelt handelt, auf den ständig normale Materie trifft.

Professor Maurice Goldhaber vom amerikanischen Kernforschungsinstitut in Brookhaven glaubt, daß die Gegenwelt aus Antimaterie gleichzeitig mit unserem Universum durch eine Explosion von Protomaterie entstanden ist. Nach ihm existiert die Gegenwelt jenseits des Raumes und in einer anderen Zeit, aber er hält gewisse Verbindungen für möglich, durch die Bruchstücke der Gegenwelt zu uns gelangen.

Von Pascual Jordan . . .

Manche Wissenschaftler, so Pascual Jordan, gehen sogar noch weiter. Ihrer Ansicht nach gibt es riesige Ketten paralleler Welten in einer fünften Wirklichkeitsdimension. Aus diesen parallelen Welten könnten nicht nur Materie- und Antimaterieatome, sondern Planeten, Sonnen und ganze Galaxien in unser Universum eindringen. Danach würde die konstante Umwandlung von Materie in Energie in den Sonnen ständig durch die Zufuhr neuer Materie aus anderen Welten kompensiert.

Pascual Jordan hält es sogar für möglich, daß der menschliche Geist zu diesen anderen Welten Zugang hat und sich bestimmte parapsychologische Phänomene dadurch erklären lassen. Er scheint mit seiner Ansicht allein dazustehen, wenn man von den Sciencefiction-Autoren absieht, die sich seit einem halben Jahrhundert – zum Teil sehr geistreich – der Theorie von der Existenz paralleler Welten bedienen. Man hat Pascual Jordan als Okkultisten verschrien, weil seine parallelen Welten eine starke Ähnlichkeit zu den Astralebenen der Theosophen und Anthroposophen haben. Damit tut man dem Wissenschaftler jedoch unrecht. Zwar sind seine Ideen sehr originell, aber sie beruhen ganz und gar auf wissenschaftlicher Grundlage.

. . . zum Abhören der Sterne

Neue Möglichkeiten der Himmelsbeobachtung haben in den letzten zehn Jahren zu großen Umwälzungen in der Kosmogonie geführt. Ein Großteil unseres heutigen Wissens über das beobachtete Universum stammt nicht mehr von den herkömmlichen optischen Teleskopen, sondern von den Radioteleskopen, mit deren Hilfe wir aus dem Weltraum kommende Radiowellen wahrnehmen können.

Diese elektromagnetischen Wellen wurden in den Vereinigten Staaten von Carl G. Jansky entdeckt. 1951 konnte der amerikanische Astronom Walter Beade mit Hilfe des 5-Meter-Teleskops von Mount Palomar feststellen, daß solche Radiowellen unter anderem aus dem 700 Millionen Lichtjahre entfernten Sternbild des Schwans stammen. Seither gelang es, vor allem dank der großen Radioteleskope in Cambridge (Großbritannien) und Sydney (Australien), mehrere Tausend solcher Radioquellen ausfindig zu machen. In keinem Fall handelt es sich um künstlich erzeugte Signale: Die Hochfrequenzstrahlung ist so energiereich, daß sie auf natürliche Phänomene zurückgehen muß. Die Stärke der Strahlung reicht von 10^{28} bis 10^{34}kW. Das entspricht 100000 bis 100 Milliarden Atombomben vom Hiroshima-Typ pro Sekunde. Wenn aus dem All tatsächlich von intelligenten Wesen erzeugte Signale zu uns kommen sollten, bräuchten wir hochempfindliche Instrumente, um sie aus der Fülle von natürlich erzeugten Wellen auszusieben. Die aus dem All zu uns gelangenden Radiowellen erlauben es uns, Objekte auszumachen, die jenseits der durch optische Teleskope wahrnehmbaren Himmelsobjekte liegen. Aber woher stammen diese Wellen?

Botschaften aus dem »Jenseits« und das Geheimnis der Radioquellen

Die erste Hypothese über den Ursprung der Radiowellen aus dem All wurde 1940 aufgestellt. Sie stammt von einem amerikanischen Science-fiction-Autor namens Edward Elmer Smith. In seinem Roman *»Die Wächter der Milchstraße«* behandelt er die Möglichkeit eines Zusammenstoßes zwischen zwei Milchstraßensystemen. Für die Bewohner der Planeten wäre eine solche Kollision ungefährlich, weil sie zu langsam abläuft. Durch das Aufeinanderwirken von Gasen der beiden kollidierenden Galaxien käme es jedoch zu einer starken Emission von Radiowellen. Heute ist man der Auffassung, daß Smiths geniale Phantasie ein Phänomen vorweggenommen hat, das tatsächlich existiert und in bestimmten Himmelsregionen zu beobachten ist; allerdings erklärt diese Theorie noch lange nicht sämtliche Radioquellen.

Auch die Annahme, daß es sich bei den Radioquellen um Stellen handle, an denen unsere Welt und die Gegenwelt der Antimaterie aufeinanderprallen, reicht zur Erklärung nicht aus. Zwar muß es solche Stellen geben, aber sie sind höchst selten.

Welche anderen Erklärungen sind möglich? 1953 stellte der sowjetische Radioastronom I. S. Schklowsky eine neue Theorie auf. Vorausgeschickt sei, daß Schklowsky ein durchaus seriöser Wissenschaftler ist und daß seine Theorie allgemeine Anerkennung gefunden hat. Nach seiner Auffassung entstehen Radioquellen dadurch, daß beinahe mit Lichtgeschwindigkeit durchs All fliegende Elektronen vom Magnetfeld einer Galaxie eingefangen werden. Die Elektronen wurden vermutlich durch Sternexplosionen freigesetzt, also durch die Bildung von Novae. Wenn diese Theorie richtig ist, dann sind manche Radioquellen verhältnismäßig jungen Datums; die Radioquelle im Sternbild des Schwans wäre danach nicht mehr als 400000 Jahre alt.

Von Beobachtungen ausgehend, die er in der Sternwarte von Yerkes (Vereinigte Staaten) angestellt hat, kam in jüngster Zeit Geoffrey Burbidge zu einer weit phantastischeren Theorie. Danach werden die Radioquellen durch eine unvorstellbar gewaltige Kettenreaktion verursacht, die sich beinahe mit Lichtgeschwindigkeit fortpflanzt und ganze Galaxien vernichtet, wie bei einer Kernexplosion die Atomkerne zertrümmert werden. Er glaubt, daß die intensive Strahlung einer Supernova beim Auftreffen auf einen anderen Himmelskörper diesen »ansteckt«, ihn ebenfalls in eine Supernova verwandelt und sich dieser Prozeß so lange fortsetzt, bis eine ganze Galaxie vernichtet ist. Eine solche Kettenreaktion wäre im verhältnismäßig dichten Zentrum einer Galaxie durchaus denkbar. Vorstellen können wir uns einen so gewaltigen Kataklysmus allerdings kaum. Wenn wir von der Annahme ausgehen, daß es im All ungezählte bewohnte Planeten gibt, dann müssen bei einer derartigen Katastrophe Millionen und aber Millionen von Kulturen zugrunde gehen – ein Jüngstes Gericht, das weit schrecklicher ist als alles, was sich die düstersten Religionen unseres Planeten auszumalen vermochten.

Hingegen ist der sowjetische Physiker V. L. Ginzburg der Meinung, daß die Radiowellen nicht durch untergehende, sondern durch neu entstehende Galaxien verursacht werden. Eine Protomateriewolke zieht sich zusammen und läßt mehrere Galaxien entstehen. Durch diese Kontraktion werden kosmische Strahlen erzeugt, die auf das Gas der Wolke auftreffen. Dadurch werden wiederum schnelle Elektronen frei, die ihrerseits die Radiowellen erzeugen. Ginzburgs Theorie beruht auf exakten Berechnungen. Sie erklärt zumindest einen Teil der Radioquellen.

Es ist also wahrscheinlich, daß es für die Radioquellen nicht nur eine, sondern mehrere Erklärungen gibt. Jedenfalls werden sie stets durch Katastrophen von unvorstellbarem Ausmaß hervorgerufen, die beweisen, daß das Universum keinen stabil-stationären Zustand erreicht hat.

Die unbegreiflichen Galaxien

Die Galaxien wirken aufeinander ein. Die genaue wissenschaftliche Untersuchung dieses Phänomens hat ergeben, daß die dabei wirksamen Kräfte mit der klassischen Schwerkraft nichts zu tun haben. Es muß sich um Kräfte anderer Art handeln, die nur auf sehr große Entfernungen und sehr große Massen wirken. Bis jetzt hat man noch keine Ahnung, um was für Kräfte es sich handeln könnte.

Die Beobachtungen haben ferner ergeben, daß sich unter der Einwirkung dieser unbekannten Kräfte die Galaxien wie viskose Flüssigkeiten verhalten. Eine Galaxie besteht jedoch aus sehr dünner Materie, die sich theoretisch keineswegs wie eine viskose Flüssigkeit verhält. Eine Erklärung für dieses Phänomen wurde noch nicht gefunden.

Ebenso unbegreiflich sind die »Sternenbrücken«, die die Galaxien miteinander verbinden. Schwer begreiflich sind die jungen ovalen, blauweißen Galaxien, die in jüngster Zeit von sowjetischen Astronomen entdeckt wurden. Diese Galaxien senden eine ungewöhnliche Strahlung aus, die sich nicht an die Gesetze hält, die für die Strahlungsemission leuchtender Körper gelten.

Ganz allgemein kann man sagen, daß sich die Galaxien hinsichtlich ihrer Dimensionen und Massen stark unterscheiden. Manche haben einen Durchmesser von nur 7000 Parsek, andere erreichen eine Ausdehnung bis zu 40000 Parsek. Die Anzahl der Sterne schwankt zwischen 10^7 und 10^{12}. Man kennt spiralförmige und elliptische Galaxien sowie kugelförmige Zwerggalaxien. Der mittlere Abstand zwischen zwei Galaxien liegt in der Größenordnung von 500000 Parsek. Wahrscheinlich gibt es keine zwei Galaxien, die sich völlig gleich sind, wie es auch keine zwei völlig gleichen Sterne oder Menschen gibt. Es ist schwer begreiflich, daß dieselben Gesetze zu so unterschiedlichen Ausbildungen geführt haben. Man kommt in die Versuchung anzunehmen, daß die Naturgesetze im Universum weit mehr schwanken, als man allgemein glaubt.

Was geschieht im Inneren der Sterne?

Noch unterschiedlicher als die Galaxien sind die einzelnen Sterne. Wahrscheinlich gibt es unsichtbare Sterne aus einer superdichten Materie, die nur faustgroß sind, aber die gleiche Masse haben wie unsere Sonne. Mit Sicherheit gibt es Sterne, die millionenfach heller sind als die Sonne (beispielsweise S Doradus), und andere, die nur ein 700000stel so hell sind wie die Sonne (etwa der dunkle Begleiter des Sterns Wolf 1055). Es gibt Sterne, die 2000mal größer sind als die Sonne, und andere, die so klein sind wie unser Mond.

Dagegen unterscheiden sich die Sterne hinsichtlich ihrer Masse nur wenig. Die kleinsten haben etwa vier Prozent, die größten etwa das Fünfzigfache der Sonnenmasse. Die Oberflächentemperatur schwankt zwischen 40000 und 1000 Grad (bei unserer Sonne beträgt sie 6000 Grad). In populärwissenschaftlichen Büchern findet sich oft die Behauptung, daß die Temperaturen im Inneren der Sterne auf mehrere Millionen oder gar Milliarden Grad ansteigen. Tatsächlich wissen wir jedoch nicht, was sich im Inneren der Sterne abspielt; wahrscheinlich sind auf diese Prozesse die Begriffe Temperatur und Materie gar nicht anwendbar. Allgemein nimmt man an, daß die Sonnen durch Kernverschmelzung aus Wasserstoff andere Elemente aufbauen, wobei ungeheure Energien frei und abgestrahlt werden.

Man ist dabei, diese Vorgänge exakt zu untersuchen. Dabei werden allerdings zahlreiche Fragen aufgeworfen, auf die man bislang noch keine Antwort gefunden hat. Wie können beispielsweise Sterne ein Element wie Technetium mit einer mittleren Lebensdauer von nur 250000 Jahren aufbauen, wenn man dieses chemische Element auf Sternen nachweisen kann, die bereits Milliarden Jahre alt sind? Man weiß es nicht. Keine bekannte Kernreaktion könnte zu einem solchen Resultat führen. Handelt es sich um »alchimistische« Transmutationen? Entstehen die Elemente wie die Sterne durch Explosionen von Protomaterie? Das sind Rätsel, deren Lösung wir noch nicht kennen.

Das Universum birgt mehr Geheimnisse, als man je geglaubt hat. Seine Erforschung hat eben erst begonnen. Wie groß ist der Teil des Universums, der uns physisch zugänglich ist? Auch über diesen Punkt gibt es unterschiedliche Meinungen. Wenn die Lichtgeschwindigkeit eine obere Grenze darstellt, wird man sogar mit Photonenraketen nicht weiter kommen als etwa zehn Lichtjahre. Jean Charon vertritt allerdings die Ansicht, daß die Lichtgeschwindigkeit keineswegs die obere Grenze darstellt, daß uns vielmehr das ganze Universum zugänglich ist und man in einigen -zig Jahren bis zum Andromedanebel und wieder zurück zur Erde fliegen könne. Wenn diese Theorie stimmt, werden unsere Nachkommen weite Regionen des Weltalls »bereisen« und sicher viele Überraschungen erleben. Seit der Mensch den Himmel beobachtet, hat er die Welt nicht vereinfacht, sondern sie unaufhörlich kompliziert. In meinem Beitrag habe ich mich bemüht, in diese Vielfalt und Vielschichtigkeit ein wenig Ordnung zu bringen.

Parapsychologische Forschung in der UdSSR

Jacques Bergier

> »Es gibt außer der unseren noch andere Welten, die aus topologischen Gründen keinerlei Verbindungen zu unserer Welt haben außer jener, die sich durch die von den Psychologen allmählich zugegebenen telepathischen Phänomene herstellen läßt.«
>
> Professor G. B. C. Stueckelberg

Überraschungen stehen bevor

Die französischen Rationalisten können sich das Geistesleben in der Sowjetunion nur mit Hilfe von Klischees aus unserem 19. Jahrhundert vorstellen. Nach ihrer Meinung sind die im Schatten des Marxismus herangewachsenen Wissenschaftler zwangsläufig Positivisten, die auf den traditionellen Pfaden der Erkenntnis wandeln. Diese konformistische Anschauung ist in der letzten Zeit mehrfach erschüttert worden, wenn man auch in Frankreich die wirkliche Bedeutung dieser Erschütterungen noch nicht ganz erfaßt hat. Der letzte Schock kam letzthin in Form einer Meldung in einer großen französischen Tageszeitung, die besagte, daß Hypnose und Telepathie heute in der Sowjetunion als wissenschaftliche Tatsachen betrachtet werden. Im übrigen enthielt die Meldung den Zusatz, daß die derzeitigen Forschungsarbeiten auf dem dialektischen Materialismus basieren.

Nach Auffassung des sowjetischen Professors Wasiljew, der die an mehreren Forschungsstätten durchgeführten telepathischen Experimente leitet, ist das Gehirn eines Hypnotiseurs gleichsam eine Art Rundfunksender, während die Gehirne der Medien als Empfänger fungieren. Seine Experimente beweisen ziemlich überzeugend, daß die Medien den Befehlen des Hypnotiseurs gehorchen, auch wenn sich dieser in einem anderen Raum, in einem anderen Haus oder sogar in einer anderen Stadt befindet. Die Telepathie ist für den Professor leicht erklärbar: Wenn ein Gehirn einem anderen starke Signale zusendet, muß dieses ohne Schwierigkeit in der Lage sein, sie aufzunehmen.

Die Verblüffung der französischen Rationalisten resultiert aus ihrer völligen Ahnungslosigkeit, was den Stand der sowjetischen Forschung und die Entwicklung des wissenschaftlichen Denkens in der UdSSR betrifft. Die in der Zarenzeit kaum geduldeten parapsychologischen Forschungen sind seit 1917 stark intensiviert worden. Die Parapsychologie hat inzwischen Zugang zu den Universitäten erlangt. Über die Geschichte dieser Entwicklung berichtet ein sowjetischer Autor.

Der silberne Löffel und der Materialist

Bernard Bernardowitsch Kaschinski ist Elektrotechniker. Seit vierzig Jahren beteiligt er sich an allen die Telepathie betreffenden Forschungsarbeiten in der Sowjetunion. Sein Hauptwerk, *»Biologische Radioverbindung«,* wurde im vergangenen Jahr von der Ukrainischen Akademie der Wissenschaften in Kiew veröffentlicht.

Kaschinskis Interesse für parapsychologische Erscheinungen geht auf ein ungewöhnliches Erlebnis zurück.

Im Jahre 1919, als er in Tiflis lebte, erkrankte sein bester Freund lebensgefährlich – Typhus lautete die Diagnose der Ärzte. In einer heißen Augustnacht wachte Kaschinski plötzlich durch ein Geräusch auf, das so klang, als stoße ein silberner Löffel gegen Glas. Vergeblich suchte er in seinem Zimmer nach der Quelle des Geräusches. Am nächsten Nachmittag erfuhr er, daß sein Freund während der Nacht gestorben sei. Er begab sich in das Haus des Toten, um ihn ein letztes Mal zu sehen. Dabei bemerkte er auf dem Nachttisch neben dem Bett ein Glas und einen silbernen Löffel. Die Mutter seines Freundes sah, daß sein Auge auf diesen Gegenständen verweilte, und berichtete unter Tränen: »Ich wollte ihm eben seine Arznei geben; im Augenblick, als ich den Löffel zu seinem Mund führte, sind seine Augen erloschen. So ist er gestorben; es war vorausbestimmt, daß er seine Arznei nicht mehr einnehmen sollte.«

Unsagbar aufgewühlt bat Kaschinski die Mutter mit vielen Entschuldigungen, ihm genau zu zeigen, wie es sich abgespielt hatte. Sie steckte den Löffel in das Glas, und als er auf den Boden stieß, ertönte genau derselbe Klang, den Kaschinski während der Nacht aus mehr als einem Kilometer Entfernung vernommen hatte. Auf welchem geheimnisvollen Weg hatte sich ihm der Ton über diese Entfernung und trotz seines tiefen Schlafes mitgeteilt?

Kaschinski ist nicht abergläubisch; er ist ein überzeugter Materialist. Aber an jenem Tag schwor er sich, daß er hinter das Geheimnis kommen würde, daß er eines Tages wissen würde, was im Gehirn der Mutter seines Freundes und in seinem eigenen Gehirn vorgegangen war. Unter dem berühmten Wissenschaftler Alexander Wassiljewitsch Leontiwitsch begann er mit dem Studium des menschlichen Nervensystems. Er sammelte Fakten, kam zur Überzeugung, daß das menschliche Nervensystem auf noch unbekannte Kräfte zu reagieren vermag, und veröffentlichte 1923 ein Buch mit dem Titel *»Die Gedankenübertragung«*. Für diese Arbeit interessierten sich zahlreiche Wissenschaftler, aber die beiden Männer, die am meisten Interesse zeigten, waren keine Wissenschaftler.

Sendet das Auge Strahlen aus?

Einer von ihnen war der russische Science-fiction-Autor Alexander Belajew, der sowjetische Jules Verne. Auf den Arbeiten Kaschinskis aufbauend, schrieb er einen Roman mit dem Titel *»Die Herren der Welt«*, der in der Sowjetunion ein großes Publikum fand. Viele junge Leser wurden ihrerseits zu Suchenden und begannen sich für Telepathie zu interessieren. Man kann ohne Übertreibung sagen, daß *»Die Herren der Welt«* für die Telepathie die gleiche Bedeutung hatte wie *»Zwanzigtausend Meilen unter dem Meer«* für das Unterseeboot.

Der zweite Mann, der sich für Kaschinskis Arbeiten begeisterte, war Wladimir Leonidowitsch Durow, einer der berühmtesten Dompteure seiner Zeit. Seine Erfahrungen hatten ihn zur Überzeugung gebracht, daß es möglich sei, Tieren Gedanken mitzuteilen. 1923 und 1924 führte Durow 10000 Versuche durch, die von Fachleuten kontrolliert wurden. Es gelang ihm, Tieren Befehle zu übermitteln und sie beispielsweise einen Gegenstand aufnehmen und apportieren zu lassen.

Man hat diese Versuche statistisch ausgewertet. Daraus ergab sich, daß die Wahrscheinlichkeit eines zufälligen Erfolgs 16 zu 10 Millionen betrug. Die skeptischsten Tierpsychologen waren restlos überzeugt. Indessen war das geistige Klima der dreißiger Jahre in der Sowjetunion einer Diskussion über derartige Versuche nicht besonders günstig. Die Untersuchungsergebnisse wurden zwar veröffentlicht, fanden aber nur wenig Beachtung. Erst in jüngster Zeit hat man sich wieder mit ihnen befaßt. Heute ist man in der Sowjetunion auf der Suche nach Menschen, die ebenso wie Durow die ungewöhnliche Fähigkeit besitzen, ihre Gedanken Tieren mitzuteilen.

Während der Dressurversuche stellte man fest, daß Durows

Gehirn höchstfrequente Wellen mit einer Länge von 1,8 mm aussandte. Allerdings waren damals die Instrumente, mit denen man solche Wellen feststellen konnte, noch reichlich primitiv, und so war es nicht möglich, die Existenz dieser Ausstrahlung mit wissenschaftlicher Exaktheit nachzuweisen. Durow war zwar kein Wissenschaftler, aber gewiß ein scharfer Beobachter. Er war unter anderem davon überzeugt, daß das menschliche oder tierische Augen Strahlen aussendet. Er hatte bemerkt, daß der menschliche Blick das wildeste Tier zähmen kann. Außerdem stellte er Versuche über die seit alters her bekannte, aber unerklärliche Wirkung an, die ein Blick auf das Genick eines Menschen hat: Er starrte Leuten, die nichts davon wußten, scharf auf das Genick, und in 100 Prozent der Fälle wandten die Betreffenden den Kopf. Er forderte nun die Wissenschaftler auf, die vom menschlichen Auge ausgesandte Strahlung nachzuweisen. Dies ist jedoch nicht gelungen. Inzwischen hat man seine Arbeiten fortgeführt. Die Sowjets glauben über eine Reihe von Beweisen für die Existenz einer vom Auge ausgehenden Strahlung zu verfügen; diese Strahlung soll von der Zirbeldrüse aufgefangen werden.

Wenn man das hört, denkt man unwillkürlich an die Legenden vom »dritten Auge«. Das wissen auch die Sowjets. Kaschinski zitiert in seiner Arbeit ein 1907 in Rußland veröffentlichtes Buch des Inders Ramacharaka, der die Zirbeldrüse bereits als telepathischen »Empfänger« bezeichnet hatte. 1959 wurde auf dem Physiologenkongreß in Buenos Aires berichtet, daß eine elektrische Reizung der Zirbeldrüse bei der Versuchsperson illusorische Lichteindrücke erzeuge. Gleichzeitig erschienen auf der Netzhaut Phoneme. Durow hatte die Lähmungserscheinungen, die durch die Blicke von Menschen, bestimmten Schlangen und Fischen hervorgerufen werden, sehr genau untersucht. Von der Hypothese ausgehend, daß das Auge eine elektromagnetische Strahlung aussendet, knüpft man heute in der Sowjetunion wieder an diese Forschungen an. Die Wellenlänge der Strahlung soll acht Hundertstel Millimeter betragen; sie würde demnach zwischen den Radiowellen und den Infrarotstrahlen liegen. Sie soll stark gebündelt sein, wobei ein Teil des Auges gleichsam als Richtstrahler wirkt.

Da solche Wellen sich gradlinig fortpflanzen und durch lichtdurchlässige Gegenstände aufgehalten werden, erklären sie selbstverständlich nicht das Phänomen telepathischer Kommunikation über größere Entfernungen. Aber wenn sich nachweisen ließe, daß es eine vom Auge ausgesandte und von der Zirbeldrüse empfangene Strahlung gibt, müßten schon im jetzigen Stadium der Forschung viele herkömmliche Auffassungen der Psychologie aufgegeben werden. Wie Kaschinski mit Recht sagte, wären dann die Physiologen und die Gehirnspezialisten gezwungen, sich mit den Fernwirkungen zu befassen.

Kraftfelder und Gedankenübertragung

Seit dem Beginn unseres Jahrhunderts ist die sowjetische Wissenschaft solchen Phänomenen gegenüber aufgeschlossener. In jüngerer Zeit konnten mehrere Arbeiten über die Untersuchung der Gedankenübertragung und die von Menschen ausgesandten Strahlungen veröffentlicht werden. Von besonderer Bedeutung ist eine Arbeit von Professor S. J. Turlugin, die 1942 in Leningrad erschienen ist. Zunächst einmal hat Turlugin nachgewiesen, daß die Wirkung des menschlichen Blickes aufgehoben wird, wenn man zwischen den »Sender« (menschliches Auge) und den in Sichtweite befindlichen »Empfänger« (Nacken eines zweiten Menschen) ein sehr feinmaschiges Drahtnetz bringt. Ferner hat er aufgezeigt, daß man die Strahlung durch sehr feine Diffraktionsnetze, nicht aber durch Metallspiegel reflektieren kann. Daraus zog er den Schluß, daß es sich bei der vom menschlichen Auge ausgehenden Strahlung um sehr kurzwellige elektromagnetische Wellen handeln müsse, um höchstfrequente Millimeterwellen. Turlugins Forschungsergebnisse wurden seinerzeit von dem Akademiemitglied P. P. Lazareff nachgeprüft. Auch der große Physiologe Pawlow hatte ähnliche Phänomene festgestellt. Heute hat man die Arbeiten erneut aufgegriffen und führt sie in verschiedenen Richtungen fort. Eine der Untersuchungen dient der Klärung der Frage, ob die Strahlenaussendung des Auges durch Meskalin oder andere Halluzinogene angeregt werden kann.

Das Pawlow-Institut hat auch in Zeiten, in denen dies nicht gern gesehen wurde, die Untersuchungen über Telepathie und die Reaktionen des Organismus auf Wellen verschiedener Art fortgeführt. 1959 entdeckte Petrow, daß hochfrequente Magnetfelder das höhere Nervensystem beeinflussen, die Reflexabläufe verändern, Schmerzempfindungen hervorrufen. Heute befaßt man sich ganz offen mit derartigen Untersuchungen. Dr. W. A. Kosak vom Pawlow-Institut vertritt die Ansicht, daß Erscheinungen wie Gedankenübertragung und auf weite Entfernung erzeugte Empfindungen durch ein Kraftfeld bewirkt werden, wobei dieses Kraftfeld allerdings keineswegs elektromagnetischer Art zu sein braucht.

Forschungen dieser Art sind keineswegs ein Monopol der Sowjets, sondern ein Teil der in der ganzen Welt durchgeführten Untersuchungen über die Kräfte, durch die lebende Substanz organisiert wird. Diese Kräfte zwingen die Atome und Moleküle innerhalb und sogar außerhalb eines lebendigen Organismus, sich an ganz bestimmte Bahnen zu halten. Dieses Phänomen scheint gegen die Gesetze des Zufalls zu verstoßen, wie wir sie gewöhnlich auffassen. Bis heute konnte noch kein Instrument entwickelt werden, mit dessen Hilfe sich diese organisierende Kraft nachweisen ließe, aber zahlreiche Versuche legen den Schluß nahe, daß es eine solche Kraft geben muß. So hat Professor Weiß von der New Yorker Universität experimentell nachgewiesen, daß eine zerstoßene Flaumfeder sich rekonstituiert, wenn man sie in eine Nährlösung gibt. Die Moleküle, aus denen sich die Feder zusammensetzt, werden offenbar durch ein Kraftfeld nach einem festliegenden Schema geordnet. Sekundärwirkungen dieses Kraftfeldes manifestieren sich als Erscheinungen elektrischer Natur. Ist dieses Kraftfeld das gleiche, das auch bei der Gedankenübertragung wirksam ist? Es wäre durchaus möglich.

Jedenfalls dürfte sicher sein, daß der Organismus auf Reize reagieren kann, die nicht auf den üblichen Wegen zu ihm gelangen. Das Pawlow-Institut hat dazu eine Reihe von höchst verblüffenden Versuchen angestellt. Eine Versuchsperson wird in die Nähe eines stromdurchflossenen Leiters gesetzt. Berührt sie den Leiter, erhält sie selbstverständlich einen elektrischen Schlag. Der Versuch wird mehrere -zig Male wiederholt. Wenn man den Strom durch den Leiter schickt, gibt man gleichzeitig ein Ultraschallsignal, das wegen seiner hohen Frequenz vom Ohr nicht wahrgenommen werden kann. Danach schaltet man den Strom ab, gibt aber wiederum das Signal, sobald die Versuchsperson den Leiter berührt. Obgleich diese nun keinen elektrischen Schlag mehr erhält, zieht sie dennoch die Hand blitzschnell zurück. Dabei handelt es sich offenbar um einen bedingten Reflex. Aber wie ist das Ultraschallsignal ins Nervensystem gelangt, das doch für menschliche Ohren nicht hörbar ist? Und selbst wenn man annimmt, daß es irgendwie ins Unterbewußtsein eingedrungen ist, erklärt das doch noch nicht, warum ein wiederholter elektrischer Schlag notwendig war, um die Versuchsperson für das Signal zu sensibilisieren. Für die sowjetischen Wissenschaftler ist dies der eigentliche Kern des Problems.

Wenn der Wissenschaftler erst einmal weiß, wie das Unterbewußtsein Signale empfangen kann, die nicht das Bewußtsein passiert haben, aber durchaus substantieller Natur sind (Ultraschall läßt sich mit Hilfe von Kristallen nachweisen), dann wird er nach Auffassung der Russen auch die telepathischen Phänomene verstehen, die ihrer Meinung nach lediglich eine Erweiterung der menschlichen Wahrnehmungsmöglichkeiten ins Unbekannte hinein darstellen. So gesehen ist die Telepathie also keine Manifestation einer unsterblichen Seele oder eines Geistes, sondern eine materielle Eigenheit, die sich infolgedessen mit Hilfe der exakten Wissenschaften untersuchen läßt. Ein entsprechendes Forschungsprogramm wird derzeit in der Sowjetunion auf breiter Front verwirklicht. Die Telepathie ist nur eine unter vielen untersuchten Erscheinungen. Auch die Reaktion des menschlichen Körpers auf elektromagnetische Wellen und Ultraschall gehört dazu. Ein drittes Forschungsgebiet sind die Hypnose und die mögliche Rückkehr in die Vergangenheit im hypnotisierten Zustand.

Im Rahmen dieses Forschungsprogramms ist es Dr. L. B. Kompanejez gelungen, eine 63jährige Frau in ihr achtes Lebensjahr zurückzuführen. Diese Frau erinnerte sich nicht nur an die kleinsten Ereignisse eines Tages, der mehr als ein halbes Jahrhundert zurücklag, sie schrieb nicht nur in der seit der Revolution abgeschafften alten Orthographie, sondern sie konnte sogar während des ganzen Versuchs ausgezeichnet ohne ihre Brille sehen. Offensichtlich werden durch die Hypnose bestimmte »Empfänger« im Gehirn und in anderen Körperteilen sensibilisiert, darunter auch die noch unbekannten telepathischen »Empfangsorgane«. Diese Empfänger sind sicher materieller Art und müßten sich demnach lokalisieren lassen. Zumindest sind die sowjetischen Forscher felsenfest davon überzeugt.

Magnetismus und Hypnose

Zu den inzwischen wieder in aller Offenheit durchgeführten Arbeiten gehören die Untersuchungen von Professor Wasiljew, der heute als der Nestor der parapsychologischen Forschung in der Sowjetunion angesehen wird. Wasiljew befaßt sich seit 1921 mit diesen Problemen. Er ist außerdem Spezialist für physikalische Erscheinungen in der oberen Atmosphäre und für elektromagnetische Felder; er leitet ein Laboratorium für theoretische Physik an der Leningrader Universität.

Wasiljews erste Versuche galten Phänomenen, die er 1921 entdeckt hat und die noch heute nicht erklärt werden können. Es geht dabei um folgendes: Wenn man dem Genick einer hypnotisierten Versuchsperson einen Hufeisenmagneten auf 5 cm nähert, kann man optische Bilder verrücken, die man der Versuchsperson suggeriert hat, die jedoch in Wirklichkeit gar nicht existieren. Dies gelingt allerdings nur, wenn sich der Nordpol des Magneten hinter der rechten Schläfe befindet, nicht aber, wenn der Magnet hinter der linken Schläfe ist, also wenn man die Pole umkehrt. Die Versuchsperson kann auf keine Weise feststellen, daß ihr von hinten ein Magnet angenähert wird, und zudem erklärt der Versuchsleiter nicht, was er tut. Das Experiment gelingt unweigerlich. In jüngster Zeit hat man geglaubt, durch die Forschungen der französischen Wissenschaftler Sadron, Douzou und Polensky eine Erklärung zu erhalten. Die drei Forscher wollen festgestellt haben, daß die Nukleinsäuren, die für die Vererbung und das Gedächtnis eine so wichtige Rolle spielen, magnetische Eigenschaften aufweisen. Aber ihre Versuchsergebnisse sind in sich widersprüchlich, und so müssen wir uns zu dem Geständnis bequemen, daß das von Wasiljew entdeckte Phänomen noch keine überzeugende Erklärung gefunden hat.

Wie kann ein Magnetfeld auf Hirnstrukturen einwirken, die einem suggerierten Bild entsprechen? Warum scheint das Bild sich zu verschieben? Noch kennen wir die Lösung dieses Rätsels nicht. Immerhin ist sicher, daß es sich bei der Telepathie nur um den Sonderfall einer sehr weit verbreiteten Erscheinung handelt. Durch Hypnose oder bedingte Reflexe können wir den Körper für Kräfte sensibilisieren, die er gewöhnlich nicht wahrnimmt: für den Magnetismus, für Ultraschall. Das telepathische Kraftfeld besteht wahrscheinlich aus einer ganzen Reihe von physikalischen Kräften. Welche Teile des menschlichen oder tierischen Körpers empfangen die magnetischen Kräfte, die Ultraschallwellen, die telepathischen Botschaften? Wir wissen es nicht. Aber entdecken wir nicht Tag für Tag neue Bestandteile in den Zellen und im Gehirn? In dieser Hinsicht messen die Sowjets den Arbeiten des deutschen Wissenschaftlers Kirsch große Bedeutung zu. Kirsch hat sich auf die Erforschung der Neuronen spezialisiert, der Nervenzellen. Er glaubt, in den Neuronen Strukturen gefunden zu haben, die einem Rundfunkempfänger mit Antenne und Detektor ähnlich sind. Allerdings ist seine Ansicht sehr umstritten; in der Sowjetunion sind mehrere Arbeiten zu diesem Thema veröffentlicht worden.

Drahtlose Funkverbindung zwischen den Gehirnen?

Wenn von Telepathie die Rede ist, denkt man unwillkürlich an eine durch elektromagnetische Wellen und besonders durch Radiowellen bewirkte Verbindung. Die Mehrzahl der amerikanischen Parapsychologen lehnt diese Ansicht ab: Sie wollen beweisen, daß die Telepathie eine Manifestation der unsterblichen Seele ist. Eine solche Haltung ist jedoch nicht wissenschaftlich, sondern philosophisch. Man kommt dem Geheimnis aber nur näher, wenn man sich an die Tatsachen hält.

Bei einigen auf große Distanz durchgeführten telepathischen Experimenten hatte man nicht für eine Abschirmvorrichtung gesorgt, durch welche die Übertragung von Wellen hätte gestoppt werden können. Man hat auch ein paar Versuche mit Abschirmvorrichtungen angestellt, aber es ist fraglich, ob diese Vorrichtungen so wirksam waren, daß sie hochfrequente Kurzwellen hätten aufhalten können. Im Gegensatz zu früheren Annahmen weiß man heute, daß elektromagnetische Wellen im Band zwischen 1 mm und 1 m sich manchmal durch multiple Reflexion über den Horizont hinaus ausbreiten können. Zwar kommt dies nur selten vor, aber auch telepathische Erscheinungen sind selten. Dieses Argument bringen manche sowjetische Forscher zur Stützung der Hypothese vor, daß die Telepathie durch vom Menschen ausgehende Strahlen oder Wellen bedingt sei. Andere sowjetische Forscher hingegen lehnen diese Annahme rundweg ab, so Professor Arkadjew, der ausgerechnet hat, wieviel Energie das Gehirn abstrahlen kann. Nach seinen Berechnungen ist die Energie so schwach, daß sie sich selbst in wenigen Metern Entfernung auf keine Weise mehr aufspüren läßt. Arkadjew hat die Forschungsergebnisse der Amerikaner W. K. Volkers und W. Candib bestätigt, die im März 1960 entdeckt haben, daß Muskeln bei der Kontraktion elektromagnetische Signale aussenden. Allerdings sind sie äußerst schwach. Sie lassen sich in einigen Zentimetern Entfernung mit hochempfindlichen Instrumenten nachweisen. Selbst wenn das menschliche Gehirn (oder die Haut oder das gesamte Nervensystem) empfindlicher wäre als das beste Meßgerät – was noch zu beweisen wäre –, ist eine elektromagnetische Übertragung zwischen zwei Gehirnen in einer Distanz von mehr als einem Meter nur schwer vorstellbar.

Deshalb sind viele sowjetische Forscher der Ansicht, daß die auf elektromagnetischen Wellen gründende Hypothese unhaltbar ist.

Wahrscheinlich haben sie recht. Wenn der menschliche Organismus für elektromagnetische Wellen empfänglich wäre, müßten sich bei den Ingenieuren und Technikern, die ständig in der Nähe von hochfrequenten starken Strahlungsquellen arbeiten, irgendwelche psychologischen oder physiologischen Wirkungen feststellen lassen. Aber man hat nichts dergleichen bemerkt. Einige merkwürdige Erscheinungen, die man in der Nähe von starken Radarsendern beobachtet hat, lassen sich ganz einfach erklären. Meist handelt es sich um reine Wärmewirkungen, um eine Temperatursteigerung infolge der Absorption von elektromagnetischen Wellen. In anderen Fällen sind es ebenso wohlbekannte chemische Reaktionen, die nur bei höchster Intensität des Strahlungsfeldes auftreten. Vorläufig muß man jedenfalls die Annahme, daß es für die Telepathie eine elektromagnetische Erklärung gibt, ablehnen.

Die heutige Lage in der Sowjetunion

Untersuchungen über Telepathie werden in der Sowjetunion vor allem an der Leningrader Universität durchgeführt, und zwar im Physiologischen Institut, das von Professor P. I. Guljajew geleitet wird. Regelmäßige Mitteilungen werden von den Forschern derzeit nicht herausgegeben.

Die bis jetzt erzielten Resultate beweisen lediglich, daß Telepathie möglich ist, wenn die als »Empfänger« bestimmte Versuchsperson vorher hypnotisiert wurde. Das Forschungsprogramm des Instituts setzt sich aus folgenden Teilgebieten zusammen: Untersuchung telepathischer Erscheinungen bei Zwillingen, Steuerung des Nervensystems durch Strahlungen verschiedener Art, Untersuchung des telepathischen Kontakts zwischen zwei Versuchspersonen, die jeweils an einen Enzephalographen angeschlossen sind, direkte Aufzeichnung von Gedanken.

Auch in der Tschechoslowakei gibt es ein Institut für parapsychologische Forschungen unter der Leitung von D. Ryzl. Ein weiteres Institut ist in Polen gegründet worden.

Vor allem aber wird in der Sowjetunion die parapsychologische Forschung von der öffentlichen Meinung weitgehend bejaht. Ist eine Reihe von Forschungsergebnissen erst einmal gesichert, werden den sowjetischen Forschern wahrscheinlich beträchtliche staatliche Mittel für ihre Arbeit zur Verfügung gestellt werden. Diese Forscher haben ihren Kollegen in anderen Ländern insofern etwas voraus, als sie von streng wissenschaftlichen Hypothesen ausgehen. Sie wollen nicht nachweisen, daß es einen Geist gibt. Sie politisieren nicht ihre Arbeiten, wie es etwa der Amerikaner J. B. Rhine getan hat, der in seinem neuesten Buch erklärt: »Die parapsychologische Forschung ist die verläßlichste Waffe gegen den Kommunismus.«

Anderseits verleitet sie ihre materialistische Einstellung dazu, die mögliche Existenz anderer parapsychologischer Phänomene wie des Hellsehens und der Telekinese zu leugnen. Aber vielleicht ist dies in taktischer Hinsicht sogar zu begrüßen: Um die maßgebenden staatlichen Stellen nicht vor den Kopf zu stoßen, ist es wahrscheinlich besser, wenn sie ein Phänomen nach dem anderen in Angriff nehmen und nicht alle gleichzeitig.

Aber schon die Telepathie für sich droht die Grenzen der anerkannten Wissenschaft zu sprengen. Wenn die Telepathie tatsächlich von der Entfernung unabhängig ist, wenn sie nicht unserem Raum-Zeit-System angehört, muß man sowohl die Psychologie als auch die Physik und die Chemie ganz neu durchdenken.

Wenn es einen »psychologischen Raum« gibt, der über unser physikalisches Raum-Zeit-Kontinuum hinausgeht, wenn die »Entfernungen« innerhalb dieses Raums verschwinden können, sobald zwei Gehirne ganz aufeinander abgestimmt sind, dann sind wir gezwungen, eine ganz neue Kosmogonie aufzustellen. Und es sieht ganz so aus, als ob sich die Telepathie nur mit Hilfe eines solchen Super-Kontinuums erklären ließe.

In den nächsten Jahren wird es sich zeigen, zu welchen Forschungsergebnissen die sowjetischen Wissenschaftler gelangen.

Gibt es außerirdische intelligente Wesen?

Louis Pauwels
und Jacques Bergier

»Es ist sehr wohl möglich, daß die Menschheit durch automatisierte außerirdische Intelligenzen kontrolliert wird.«
Roger MacGowan

Kein Mensch verlangt von einem Literaturkritiker, daß er imstande sein müsse, ein zweites *»Auf der Suche nach der verlorenen Zeit«* zu schreiben; vielmehr läßt man ihn als das gelten, was er ist: ein fleißiger Bücherleser mit Geschmack und Urteilsvermögen, ein sachkundiger Laie. Ganz anders, wenn ein Nichtwissenschaftler es wagt, an der Wissenschaft vernünftige Kritik zu üben: Das steht ihm nach Ansicht der überwiegenden Mehrzahl der Fachleute einfach nicht zu.

Vor uns liegt der 255. Band (zweites Halbjahr 1962) der Sitzungsberichte der Französischen Akademie der Wissenschaften. In dieser Publikation haben sich berühmte Spezialisten auf Nebensächlichkeiten spezialisiert. Nahrung für unsere großen Träume finden wir darin ebensowenig wie in den Bänden 254 und 256. Wenn man schon keine Träume nährt, bringt man dann wenigstens die Wissenschaften voran? Das ist mehr als fraglich. Seit 1935 ist keiner der wissenschaftlichen Nobelpreise mehr nach Frankreich vergeben worden. Stimmt etwas nicht mit dem Geist unserer Forschung? Jedenfalls glauben wir »Freunde des Ungewöhnlichen und Chronisten der Wunder«, wie Maurice Renard es ausgedrückt hat, daß die französische Wissenschaft mit so hochgelehrten Beiträgen wie *»Der Einfluß der Inkubationswärme auf die künstliche Synthese bestimmter Steroide in den Rattenhoden«* ihr einstiges Ansehen nicht zurückgewinnen wird. Sicherlich handelt es sich hier um eine solide Arbeit. Aber für die Schwelle zum kosmischen Zeitalter ist sie doch ein wenig schmalspurig ...

Von der kleinen Topinambur zur großen Galaxis

»Noch vor Ablauf von zwanzig Jahren wird die Menschheit mit intelligenten außerirdischen Wesen Kontakt aufgenommen haben. Bei diesen handelt es sich zweifellos nicht um organische Lebewesen, sondern um eine Art von denkenden Maschinen. Viel weist darauf hin, daß diese Intelligenzen uns bereits beobachten. Alles erlaubt die Vorstellung, daß sie uns beherrschen. Alles sollte uns veranlassen, uns darauf vorzubereiten.«

Diese Zeilen verfaßte keineswegs ein Schüler des munteren, genialen Charles Fort, des Sammlers »verfluchter Tatsachen«. Der Autor ist weder ein Science-fiction-Schreiber noch ein erleuchteter Ufologe. Wir dürfen versichern, daß dieser Mann ebenso seriös ist wie der bereits erwähnte Rattenhoden-Forscher. Er heißt Roger A. MacGowan und bekleidet einen verantwortlichen Posten in den Fabrikationsanlagen von Redstone, Alabama, wo jene Atomsprengköpfe hergestellt werden, die das Gleichgewicht des Schreckens erhalten helfen. Sein Aufsatz, in dem sich die zitierten Zeilen finden, trägt den Titel *»Über die mögliche Existenz außerirdischer Intelligenzen«*. Er enthält zahlreiche mathematische Formeln, Diagramme und 66 Verweise auf neueste Veröffentlichungen zu diesem Thema. Erschienen ist er auf 80 engbedruckten Seiten im 4. Band von *Science and Technology of Space*, eine Publikation, die unter der Leitung der bedeutendsten westlichen Spezialisten von der University Press, New York, für Wissenschaftler herausgebracht wird. Es gibt keine besser qualifizierte Veröffentlichung. Man möge uns verzeihen, wenn wir »Sonntagswissenschaftler« uns lieber an solche, von einem großen Atem erfüllte Arbeiten halten als an die Mehrzahl der französischen Veröffentlichungen, denen offenbar der Atem längst ausgegangen ist, etwa eine Publikation mit dem Titel *»Wirkung von Röntgenstrahlen auf die Wurzelstöcke von Topinambur«* oder *»Sommerliche Anomalien des Taupunkts der Luft«*.

Intelligenzen aus dem All

»Die Bemühungen, von außerirdischen Intelligenzen stammende Nachrichten zu entdecken, sind durchaus legitim. Wenn erst einmal die großen Radioteleskope in Betrieb sind, werden die Bemühungen von Erfolg gekrönt sein. Das wird in zehn oder höchstens zwanzig Jahren geschehen.«

MacGowan vertritt die Ansicht, daß es auf bestimmten Planeten unseres Sonnensystems nichtmenschliche, automatisierte Intelligenzen gibt. Der britische Astronom Fred Hoyle schreckt nicht davor zurück, als möglich hinzustellen, daß die großen Dunkelwolken im All eine Art »Bewußtsein« sind. MacGowan greift diese ein wenig lyrische Hypothese nicht auf, sondern geht von einer Theorie Holmbergs aus, der 1938 außerhalb unseres Sonnensystems sechzig um andere Sonnen kreisende Planeten entdeckt hat. Er kommt zu dem Schluß, daß 67 Prozent der Sterne unseres Milchstraßensystems von Planeten begleitet sind. 67 Prozent bedeutet $1{,}3 \times 10^{11}$, eine unvorstellbar große Zahl, die nach unseren Maßstäben unendlich groß ist: 130 Milliarden. Wenn das stimmt, dann wimmelt es in unserer Galaxie von Leben.

Leben älter als die Sterne . . .

Aber wie ist dieses Leben entstanden? Woher ist es gekommen? Mehrere sowjetische und amerikanische Autoren haben in jüngster Zeit die Diskussion über die Möglichkeit einer künstlichen Panspermie hinsichtlich der Erde wieder aufgenommen. Sie glauben, daß sich das Leben auf unserem Planeten aus »Lebensbruchstücken« entwickelt hat, die Besucher aus einer anderen Welt auf der Erde hinterlassen haben. Der Astronom Thomas Gold aus Cambridge hat die These aufgestellt, daß das irdische Leben aus den Überresten eines Picknicks intergalaktischer Raumfahrer entstanden ist. Auch MacGowan schließt die Möglichkeit nicht aus, daß das Leben absichtlich oder zufällig von woanders auf die Erde gebracht wurde. Dennoch sollte man nach seiner Meinung auch der Frage nachgehen, ob sich das Leben nicht vielleicht doch selbständig auf unserem Planeten entwickelt hat, und entsprechende chemische Experimente durchführen. Warum soll das Leben nicht spontan entstanden sein? Bekanntlich hat Pasteur diese Theorie abgelehnt. MacGowan meint, daß diese auf religiösen Überzeugungen fußende Ablehnung den wissenschaftlichen Fortschritt um ein Jahrhundert verzögert hat.

Louis Kervan glaubt an die Möglichkeit biologischer Mutationen. Zwar ist seine Hypothese noch nicht bewiesen, aber wenn sie sich als richtig herausstellen sollte, dann wäre das Leben nur eine einfache Abfolge von physisch-chemischen Vorgängen. Die Mutationen würden durch etwas anderes, durch eine andere Kraft bewirkt, wie dies übrigens auch schon die alten Alchimisten annahmen. Die im natürlichen Zustand stabilen Elemente sind es nach Kervan nicht mehr, sobald das Leben ins Spiel kommt. Damit hätte also Pasteur doch recht gehabt, wenn er die lediglich auf physisch-chemische Reaktionen basierende Spontanentstehung des Lebens als unmöglich ansah; er stünde sowohl mit der Tradition als auch mit der neuesten Forschung in Einklang.

Es ist möglich, daß das Leben schon seit aller Ewigkeit existiert, daß es vor allem anderen, ebenso wie Raum und Zeit, auf diese Erde gekommen ist ... »O Leben, älter als die Sterne selbst«, heißt es in den heiligen Schriften der Inder.

Mond, Mars und Venus

Über welche Beweise verfügen wir, daß es auch außerhalb unserer Erde Leben gibt? Charles-Noël Martin ist der Überzeugung, daß »unendlich viele Welten und Lebensformen existieren«. MacGowan hat sich lediglich mit unserer näheren Umgebung befaßt: mit Mond, Mars und Venus.

Nach einem 1960 erschienenen Aufsatz von Gilvarry sollen die heute ausgetrockneten Meere auf dem Mond organische Sedimente enthalten. Die Tektiten, rätselhafte glasartige Massen, die man auf der Erde findet, sollen vom Mond stammen und durch Eruptionen von Mondvulkanen in den Raum geschleudert worden sein.

Hinsichtlich der Marsvegetation haben uns von Raumsonden übermittelte Fotografien noch nicht einwandfrei geklärte Informationen zukommen lassen; es sieht so aus, als ob sich während des Marsfrühlings die Vegetationsgrenze täglich um 15 Kilometer vorschiebt.

Was die Venus angeht, so sind derzeit vier Theorien im Gespräch:

1. Der Planet ist von einem aus niederen Pflanzen gebildeten Dschungel bedeckt, vergleichbar etwa der Erdvegetation während des Mesozoikums.
2. Die Oberfläche der Venus ist eine windgepeitschte Wüste.
3. Eine mächtige Petroleumschicht bedeckt den Planeten, in der winzige Organismen schwimmen.
4. Ein aus stark kohlensäurehaltigem Wasser gebildetes Meer umhüllt den Planeten, gleichsam ein Selterwasser-Meer.

MacGowan zitiert auch häufig Professor Nagy, der mit seinem Forscherteam bewiesen hat, daß der im vergangenen Jahrhundert in der Gemeinde Orgueil niedergegangene Meteorit organische Substanz enthielt.

Wenn es in der Nachbarschaft unserer Erde Leben gibt, dann steht es offenbar noch auf einer sehr tiefen Stufe. Aber auf fernen Planeten, auf denen das Leben schon um Milliarden Jahre älter ist als auf unserem Planeten, muß es eine unvorstellbar hohe Stufe erreicht haben. Von unseren heutigen Gegebenheiten und der jetzigen Menschheitsentwicklung ausgehend, hat MacGowan sich ausgemalt, wie erstaunlich weit um so viel ältere Intelligenzen gekommen sein müssen. Davon ausgehend stellt er ein Gesetz auf, das für unsere Welt wie auch für andere Welten gelten soll:

»Sobald das biologische Leben intelligenzbegabt wird, beginnt es, die biologischen Komponenten seines Wesens durch mechanische Komponenten zu ersetzen. Dann entstehen intelligente Wesen, ausschließlich mechanisch denkende Automaten: An die Stelle der biologischen Entwicklung ist die mechanische Entwicklung getreten.«

Für diesen hervorragenden Fachmann, der gleichzeitig Wissenschaftler und Militär ist, sieht die Zukunft so aus. Und anderswo ist diese Zukunft schon Gegenwart geworden.

Wir können dieser Ansicht nicht beipflichten, denn uns erscheint es sehr fraglich, ob ein künstliches Denken ganz und gar an die Stelle des natürlichen Denkens treten kann. Sicher ist es in gewissem Umfang auf einer bestimmten Entwicklungsstufe der Technik möglich, aber kann es geschehen, ohne daß das Wesen des Denkens Schaden nimmt? Könnte sich ein solches künstliches Denken ohne das wahrscheinlich ewige Leben entfalten und vollenden? Hier stehen wir auf der Wasserscheide der Philosophie, heute wie gestern, und heute ist sie noch schärfer ausgeprägt als je zuvor.

Für MacGowan, den klarsichtigen Mann der Maschinen und der stromlinienförmigen Schemata, sind Vollendung des Lebens und Verzicht auf das Leben identisch. Fassen wir noch einmal zusammen, wie er die Entwicklung sieht:

Zuerst ist der Mensch da. Dann kommt der Cyborg, das Roboterwesen, halb Lebewesen, halb Maschine, ausgestattet mit elektronischen Organen. Vielleicht wird uns die Wissenschaft in ihrem Kampf gegen den Tod eines Tages volltransistorisierte Herzen bescheren, wird in unseren Kreislauf eine nie versagende mechanische Vorrichtung einsetzen. Danach gehen wir laut MacGowan vom Cyborg zum ganz und gar elektromagnetischen Wesen über, zu einem vom menschlichen Gehirn programmierten Roboter.

Schließlich fällt das Gehirn seinerseits weg. Der Roboter programmiert sich selbst, entwickelt sich selbst, befruchtet seine anpassungsfähige Intelligenz. Damit hätte der Geist, nachdem er sich vom Fleisch getrennt hat, seine reine Herrschaft aufgerichtet.

Vom Wesen des Denkens

In seiner wegen ihres weiten Horizonts und ihrer wissenschaftlichen Sachlichkeit bemerkenswerten Studie analysiert MacGowan auch das Wesen des Denkens und stellt eine Reihe von allgemeinen Gleichungen auf, um den Denkprozeß zu definieren. Nach ihm sind folgende Faktoren festzuhalten:

Deduktion
Introspektion
Induktion
Gedächtnis
Empfindungen und Triebe
Gefühle

Er weist auf, daß die verschiedenen Sinnes- und Denkorgane durch mechanische und elektronische Vorrichtungen ersetzt werden können und daß solche »Organe«, wenn sie mit entsprechenden Informationen gefüttert sind, nicht nur nachdenken und empfinden, sondern sich sogar erinnern können. Es stimmt, das menschliche Gehirn enthält 10^{10} Neuronen, die mit einer bis jetzt von keinem Elektronenrechner erreichten Geschwindigkeit Informationen speichern und wiedergeben können. Es gibt heute noch keinen Elektronenrechner mit einem so phantastischen Speicher.

MacGowan glaubt allerdings, daß schon in absehbarer Zukunft vergleichbare Elektronengehirne gebaut werden können. Aber setzt sich das Denken nur aus den von MacGowan genannten Faktoren zusammen? Wie steht es mit

der außersinnlichen Wahrnehmung,
der Intuition,
der Möglichkeit, den Wellenschlag der Zukunft zu hören,
einem Gedächtnis, das vielleicht älter ist als wir,
der Fähigkeit analogen Denkens?

Wie steht es mit dem, was den Menschen geheimnisvoller macht als seinen eigenen Geist, was ihn über diesen hinaushebt, was ihn weit komplexer macht als alle Gleichungen, durch die er seine Sonderstellung in der Schöpfung zum Ausdruck bringen will?

Und ist schließlich das Denken nur Information? Ist es nicht Information plus die Bedeutung, die zur Information gehört? MacGowan, der sich auf das Beobachtbare beschränkt und den Geist nur unter einem absolut kalten Licht betrachten will, verneint dies. Man kann ihm nur folgen, wenn man der Ansicht ist, daß die ganze menschliche Psychologie sich auf die Verhaltenspsychologie beschränkt. Man kann ihm nicht folgen, wenn man die unter- und unbewußten Schichten zum Geist rechnet, vor allem aber auch die überbewußten Schichten.

Informationsreserven im All

Heute brauchen die Elektronenrechner tausend Millionen Sekunden, um im Gedächtnis etwas zu erforschen, wozu dieses Gedächtnis selbst eine Zehntelsekunde braucht. Aber MacGowan hat nicht unrecht, wenn er an einen raschen Fortschritt glaubt. 1939 hätten alle Schätze der Erde nicht ausgereicht, um ein Gramm Plutonium zu kaufen, 1962 kostete das Gramm ganze 8 Dollar. Auf den verschiedensten Wissensbereichen verzeichnet man sprunghafte Fortschritte, die einer Multiplikation um zehn Millionen entsprechen. Maschinen, die eine der in einem Gehirn enthaltenen vergleichbare Information gespeichert haben und sich untereinander durch elektromagnetische Wellen »verständigen«, hätten gegenüber dem Menschen, der sich der Sprache bedient, den Vorteil von Schwingungsfrequenzen zwischen 20000 und 100 Milliarden Hertz. Solche Maschinen, meint MacGowan, würden eine weit tüchtigere und besser zusammenwirkende Gesellschaft bilden als jede Gruppierung von biologischen Wesen. Er glaubt offenbar, daß es auf anderen Planeten solche Maschinengesellschaften bereits gibt und daß wir, falls, wie Jean Charon annimmt, die Lichtgeschwindigkeit keine obere Geschwindigkeitsgrenze darstellt, schon innerhalb der nächsten dreißig Jahre mit solchen Gesellschaften Kontakt haben werden.

Nach seiner Meinung haben in fünf oder zehn Lichtjahren von der Erde intelligente Automaten Stationen errichtet, die ungeheure Informationsreserven enthalten; diese sollen zu unserer Verfügung stehen. Wir wissen lediglich noch nicht, wie wir an diese Reserven herankommen, ein Signal aussenden können, das sie abrufen könnte. Es wäre vordringlich, uns diese Reserven zu erschließen. Er glaubt, daß jedes Gestirn, das nicht vereist oder glühend, sondern von biologischem oder mechanischem Leben bewohnt ist, infrarote Strahlungen mit einer Wellenlänge zwischen 8 und 12 Mikron aussendet. Der Fachmann für Kernsprengsätze schlägt vor, schnellstmöglich große Teleskope zu bauen, die so beschaffen sein sollen, daß sie diese Infrarotbotschaft auffangen können. Dies wäre seines Erachtens sinnvoller als die seit kurzem bestehende Radioastronomie, die sich auf Radiowellen aus dem All beschränkt.

Empfänger für merkwürdige Sendungen

Sind von solchen Raumstationen Besucher zu uns gekommen? MacGowan wiederholt die wohlbekannten Behauptungen, führt alte Legenden an und hält es – allerdings ohne neue Beweise zu bringen – für durchaus möglich, daß solche Besuche stattgefunden haben. Es könnte sein, daß intelligente Automaten keine Spuren ihres Besuches hinterlassen haben. Warten sie, bis sich die Erdbewohner mehr für sie interessieren? Warten sie, bis die Erde die niedrige Stufe biologischen Lebens überschritten hat?

MacGowan hält es für sehr wahrscheinlich, daß automatische Vorrichtungen durch das Sonnensystem kreisen, um die Planeten zu beobachten, Informationen aufzufangen und sie zu ihrem Ursprungsplaneten zu übermitteln.

MacGowan erwähnt mehrere Arbeiten des australischen Professors Bracewell, in denen erwähnt wird, daß Bruchstücke von Rundfunk- oder Fernsehsendungen mehrere Tage, Wochen oder auch Monate nach ihrer Ausstrahlung empfangen werden konnten, ohne daß sich feststellen ließ, woher die elektromagnetischen Wellen stammten. Vielleicht hat irgend etwas irgendwo im All die Programme aufgenommen und sie zu Informationszwecken wieder in eine andere Welt ausgesandt . . . Eine der wissenschaftlichen Arbeiten von Professor Bracewell trägt den erstaunlichen Titel *»Über den Empfang von Mitteilungen aus höheren galaktischen Gemeinschaften«*.

Man ist versucht, eine andere Hypothese aufzustellen: Vielleicht ist die Zeit nicht so einfacher Natur, wie wir annehmen; möglicherweise kann es zu Strukturverzerrungen kommen, so daß manche Worte oder Bilder eines Rundfunk- oder Fernsehsenders Jahre später gehört oder gesehen werden können. Man wird an die beiden Engländer erinnert, die urplötzlich den Park von Versailles so vor sich sahen, wie er im 18. Jahrhundert ausgesehen hat . . . Aber dies ist eine nichtmaterialistische Hypothese, und deshalb wurde sie weder von MacGowan noch von Bracewell aufgestellt.

Von MacGowans Maschinen zu Clarkes Schmetterling

Die Einrichtungen, die derzeit zum Aufspüren von Signalen aus dem All zur Verfügung stehen, haben eine maximale Reichweite von 8,7 Lichtjahren. Vervollkommnete Radioteleskope werden die rund zweitausend Sterne abhorchen können, die sich in einem Umkreis von weniger als 100 Lichtjahren befinden. MacGowan glaubt, daß jedes intelligente – biologische oder mechanische – Wesen dazu tendiert, Wellen von einer Länge von 21 cm auszusenden; Wellen dieser Länge werden von den intergalaktischen Wasserstoffgaswolken ausgesandt. Auch Bracewell ist der Überzeugung, daß es auf dieser Wellenlänge in unserer Galaxie ein Kommunikationsnetz gibt, das die automatischen Raumstationen mit jenen Planeten verbindet, die von biologischen oder mechanischen Intelligenzen bewohnt sind. Nach MacGowan warten außerirdische intelligente Gesellschaften nur darauf, daß auch wir das interstellare Kommunikationsnetz entdecken; dann werden sie mit uns Verbindung aufnehmen.

Diese Gesellschaften beobachten uns, kennen unsere Entwicklungsstufe. Warum sollten sie uns vernichten wollen? Für sie sind wir noch kaum geboren. Arthur C. Clarke hat das wunderbar ausgedrückt: »Können, da nur die Struktur wichtig ist, Geist und Intelligenz nicht ohne die Behinderung der Materie existieren und funktionieren? Können sie nicht wie elektronische Ströme und Strahlungsquanten in einer Beziehung zwischen reinen Wesenheiten existieren? So könnte der Geist, der sich bei materiellen Wechselwirkungen herausgebildet und die Materie als tragendes Element so lange benutzt hat, eines Tages dieser Materie entsteigen wie der Schmetterling der Puppe. Und wie der Schmetterling zum Sommerhimmel aufsteigt, könnte der Geist sich Experimenten zuwenden, die sich in einer Größenordnung bewegen, die sich mit jener seiner früheren Verwandlungen in keiner Weise vergleichen läßt.«

Clarkes Zukunftsschau ist von einer fast religiösen Wärme erfüllt; eiskalt dagegen ist die Vision MacGowans, der seine Ausführungen mit vier taktischen Schlußpunkten beendet:

Entweder wird sich unsere biologische Menschengesellschaft stufenweise in eine Automatengesellschaft verwandeln;
oder wir werden bald schon von den Automaten beherrscht, die wir bauen werden;
oder die Menschheit wird, wenn sie noch lange zögert, von intelligenten außerirdischen Automaten vernichtet werden;
oder mechanisierte außerirdische Intelligenzen werden uns helfen, überwachen und kontrollieren.

Unsere Seelen sprechen im Schatten

Obwohl man MacGowans Aufsatz mit einem gewissen Grausen liest, muß man doch anerkennen, daß er erstaunlich ist – das Werk eines mit verantwortungsvollen Aufgaben betrauten Fachmanns, der nicht davor zurückschreckt, die »wahren Fiktionen« unserer Zeit zu untersuchen. Seine entsagende Hoffnungslosigkeit teilen wir allerdings nicht. Wir glauben, daß der Mensch keinen anderen Herrn über sich dulden soll als sich selbst. Wir glauben, daß der Mensch hinter den Maschinen den Schatten der Fähigkeiten sieht, die er selbst erwerben muß. Die zukünftige Entwicklung, die zweifellos die wunderbare, noch unerforschte menschliche »Maschine« erfassen wird, wirft ihren Schatten bereits in der Mechanik voraus. Um ein unzulängliches Wort zu gebrauchen: Es sind Bilder des zukünftigen Gottes, nicht der Gott selbst.

Die Geschichte der Elektronengehirne

Jacques Bergier

»Keine Maschine kann lügen,
Aber auch keine Maschine kann die Wahrheit sagen.«
G. K. Chesterton

Gegenwart und Zukunft der Denkmaschinen

Vor einigen Jahren im Herbst wimmelte es an den Hängen des Himalaja von Menschen. Tausende und aber Tausende von Chinesen waren mit Körben voller Steine und Teerkies am Werk, um Straßen zu bauen, die auf das – heute nicht mehr tibetische – Dach der Welt führen sollen. Hier spielt sich ein Ringen ab, das vielleicht dem Bereich des Geistes angehört, aber darauf möchte ich jetzt nicht näher eingehen. Ich will nur sagen, daß dieser Kampf einer jahrtausendealten Welt gegen eben diese Welt die Menschheit um fünf Jahrtausende zurückgeworfen hat.

Auf dem Gebiet des Denkens aber stehen auch wir im Westen noch auf der Stufe jener Chinesen mit ihren Tragkörben: Die meisten unserer Wissenschaftler und Gelehrten tragen ihr ganzes »Rohmaterial« im Kopf mit sich herum. Sie arbeiten noch ohne die Hilfe einer Maschine. Allerdings leben wir in den letzten Stunden dieser Seins- und Arbeitsweise.

Der Mensch hat Geräte erfunden, die seine Fähigkeiten erweitern: Im Bathyskaph taucht er in die Tiefen des Meeres, im Raumschiff stößt er in den Weltraum vor. Die Elektronenrechner erlauben es ihm, sich an Aufgaben heranzuwagen, zu denen sein Gehirn allein nicht ausreichen würde.

Wir müssen uns von vornherein darüber klar sein, was unter den gemeinhin als »Denkmaschinen« bezeichneten Geräten zu verstehen ist. Wenn der Mensch eine – wundervolle und zum Teil noch unbekannte – Maschine ist, dann bin ich mit Louis Pauwels der Meinung, daß diese Maschine niemals übertroffen werden wird – außer durch sich selbst. Ich glaube nicht und kann nicht glauben, daß es je Maschinen geben wird, die den Menschen ersetzen und verdrängen könnten. Vielmehr glaube ich, daß man immer neue Maschinen erfinden wird, die dem Menschen helfen. Wir glauben, daß der

Mensch im Verlauf seiner psychischen Entwicklung seine Macht niemals an stählerne Ungetüme abtreten wird. Hier ist der Kern des philosophischen Problems; alles übrige ist müßige Polemik. Wir sind der Überzeugung, daß das künstliche Denken niemals an die Stelle des natürlichen Denkens treten wird. Eine Tatsache ist sicher: Das menschliche Gehirn besteht nicht nur aus Materie und Energie. Es besteht auch aus Zeit. Es ist das Ergebnis einer drei Milliarden währenden Entwicklung des Lebens. Ein von uns künstlich gebautes Gehirn, sei es aus Metall oder aus Kristall, hat einen entscheidenden Mangel: es fehlt ihm die im Verlaufe der Entwicklung vom Leben angesammelte Zeit. Wir sind zu jung. Vielleicht sind in anderen, unendlich viel älteren Welten die Lebewesen durch Maschinen ersetzt worden ...

Aber kehren wir in das Hier und Jetzt zurück. Es gibt bereits Maschinen, die gedankliche Vorgänge in gewaltigen Mengen speichern und zwischen den gespeicherten Informationen in unglaublich kurzer Zeit Verbindungen knüpfen. Solche Maschinen eröffnen dem menschlichen Geist neue Möglichkeiten. Jenseits dieser heute verwirklichten Maschinen, die zwar für unsere Begriffe Wunderwerke sind, aber Stückwerk im Vergleich mit den in naher Zukunft möglichen Weiterentwicklungen, kann man sich Instrumente vorstellen, die den menschlichen Geist so vervielfachen, wie der Bagger die Kraft des Armes vervielfacht. Auf diesem Gebiet hat eine echte Revolution begonnen, allerdings erst in jüngster Zeit. Ziehen wir eine vorläufige Bilanz.

Der Mensch, der die Stille liebte ...

Die Geschichte der Maschinen zur Unterstützung des menschlichen Geistes hat im Jahre 1642 mit der Rechenmaschine von Blaise Pascal begonnen, die zu addieren vermochte. Dreißig Jahre später baute Leibniz eine Rechenmaschine, die nicht nur addieren, sondern auch multiplizieren konnte. Dazu bediente er sich eines Zahlensystems, das nur die Ziffern 0 und 1 benötigte (es beruhte auf den Potenzen von 2); wir bezeichnen es als binäres oder Dualzahlensystem.

In diesem System werden die ganzen Zahlen des herkömmlichen Dezimalsystem auf folgende Weise ausgedrückt:

1	2	3	4	5	6	7	8	9	10	11	12	13
1	10	11	100	101	110	111	1000	1001	1010	1011	1100	1101

Die Zahlen des Dualsystems bestehen aus etwa dreimal mehr Ziffern als jene des Dezimalsystems; deshalb ist dieses System für ein menschliches Gehirn zum Rechnen nicht sonderlich gut geeignet. Aber für ein mechanisches Gehirn eignet es sich vorzüglich. Eine solche Maschine hat nur zwei Möglichkeiten: sie kann mit »ja« oder mit »nein« antworten, mit dem Zeichen + oder –, mit »1« oder »0«. Wenn Strom fließt, wird die erste dieser Antworten gegeben, fließt kein Strom, die zweite. Durch die Zusammenstellung sehr vieler elektronischer Schaltelemente erhält man die großen komplexen Rechenmaschinen.

Im 19. Jahrhundert tauchten nach dem Leibnizschen Schema funktionierende Rechenmaschinen auf dem Markt auf. Gebaut und vervollkommnet wurden sie von Erfindern wie Thomas aus Colmar, Léon Bollée, Monroe und Friden.

Ebenfalls im 19. Jahrhundert widmete ein exzentrischer Engländer namens Babbage sein Leben zwei Zielen: dem Bau einer gigantischen Rechenmaschine und dem Kampf gegen die durchs Land ziehenden Musikanten. Er war der Meinung, daß die Mißtöne der Straßensänger die geistige Arbeit störten und die Kultur lähmten. Indessen ließen ihm seine Feinde so viel Muße, daß er eine Rechenmaschine erfinden konnte, die auf dem Prinzip von Jacquards Webstuhl beruhte; sie war bereits ebenso aufgebaut wie die modernen Rechner mit einem künstlichen Gedächtnis (dem Informationsspeicher), einem Rechenorgan und einem Steuerorgan. Das einzige, was Babbage fehlte, waren die Elektronenröhren. Aber die waren damals noch nicht erfunden.

Ein halbes Jahrhundert später, im Jahre 1880, erfand Hollerith die Lochkarte.

Um die gleiche Zeit tauchte ein zweiter, ebenso genialer Exzentriker auf, der Amerikaner Strowger.

... und der Mann, der die »Fräulein vom Amt« haßte

Strowger besaß in Chicago ein Leichenbestattungsunternehmen. Hatte Babbage die Wandermusikanten verabscheut, so galt Strowgers unerbittlicher Haß den »Fräulein vom Amt«, den Mädchen, die in den Telefonzentralen die Kontakte zwischen den Sprechstellen herstellten. Er beauftragte einen seiner Neffen, einen Apparat zu erfinden, der die Telefondamen überflüssig machte. Der Neffe erfand den Selbstwähler, der automatisch die Leitung des Anrufenden mit der Leitung des gewünschten Fernsprechteilnehmers verband. Nun erst konnte eine richtige Rechenmaschine verwirklicht werden. Die Lochkarte wurde ihr Gedächtnis, die Elektronenröhren spielten die Rolle der Selbstwählvermittler, und die Relais wurden zu den Neuronen des automatischen Gehirns. Allerdings geschah vor 1937 nichts Entscheidendes; zu nennen sind lediglich die Arbeiten zweier Franzosen, Valtat und Couffignal, über das Dualsystem.

Der erste moderne Elektronenrechner ist 1937 in einer kleinen Hochschule in Philadelphia entstanden, in der Moore School. Die beiden Erfinder, zwei amerikanische Wissenschaftler namens Eckert und Mauchly, nannten das Gerät »Electronic Numerical Integrator and Automatic Computer«, abgekürzt ENIAC. Der Elektronenrechner enthielt dreißigtausend Röhren, eine für die damalige Zeit gewaltige Zahl. ENIAC war in doppelter Hinsicht bedeutsam. Erstmals bediente man sich zum Bau von Rechenmaschinen der Elektronik (was die Möglichkeit eröffnete, Rechenoperationen theoretisch fast mit Lichtgeschwindigkeit durchzuführen), und zweitens wurden hier erstmals Speicher für Informationen oder Zahlen verwendet – das, was man als das »Gedächtnis« der Elektronenrechner bezeichnet. Der Ausdruck ist unglücklich, weil er an das menschliche Gedächtnis erinnert, das in Wirklichkeit nichts damit zu tun hat. ENIAC war für das amerikanische Militär bestimmt; die Maschine sollte Schießtabellen ausrechnen. Aber diese Berechnungen wurden erst neun Monate nach Kriegsende abgeschlossen, und inzwischen hatte die Armee das Interesse verloren.

Einer der genialsten Menschen unserer Zeit

In jeder Wissenschaft gibt es Zeitabschnitte, in denen die Entwicklung sich beschleunigt. Es brodelt von neuen Ideen, unabhängig voneinander begonnene Arbeiten laufen auf ein gleiches Ziel hinaus, die Entdeckungen und Erfindungen häufen sich. Eine solche wichtige Zeit war das Jahrzehnt von 1937 bis 1947. Das Institute of Advanced Studies in Princeton veröffentlichte am 28. Juni 1946 eine von John von Neumann, Arthur W. Burkes und Hermann H. Goldstine signierte Arbeit, die für die Zukunft des elektronischen Denkens entscheidend war. Darin wurde die Technik der Programmierung beschrieben. Es handelte sich darum, der Maschine nicht nur die Zahlen einzugeben, die ihr Gedächtnis darstellten, sondern auch das »Verständnis« für ihre sinnvolle Nutzung entsprechend der gestellten Aufgabe. Die Technik erlaubt es dieser Maschine, selbst die

Zahl auszurechnen, die sie nicht gespeichert hat, die sie aber möglicherweise im Verlauf ihrer Operationen benötigt. Ein Operationsprogramm ist nicht notwendigerweise eine Abfolge von linearen Operationen, die wie die Glieder einer Kette miteinander verknüpft sind. Vielmehr muß ein solches Programm Verzweigungen vorsehen, Informationen, die andere Informationen abändern können.

Gleichzeitig mit dem für die modernen Maschinen erforderlichen Mechanismus sind in diesem entscheidenden Jahrzehnt Verfahren der Programmierung entwickelt worden. Die Engländer und die Amerikaner haben den magnetischen Trommelspeicher erfunden. Im National Bureau of Standard hat Dr. Alexander Speicherelemente entwickelt, in denen als Signale elastische Wellen verwendet werden, die sich in Quecksilber fortpflanzen. An der Universität von Manchester führte die Verwendung von Kathodenstrahlröhren zur Entwicklung sogenannter »elektrostatischer« Speicher. Zum erstenmal konnten die Elektronenrechner auf Lochkarten und Lochstreifen verzichten und erhielten richtige elektronische Speicher. In der gleichen Zeit wurden auch die ersten Studien über die logischen Konzeptionen durchgeführt, die die modernen Maschinen möglich machen. Die meisten dieser Begriffe verdanken wir einem der außergewöhnlichsten Menschen unserer Zeit, dem Mathematiker John von Neumann. Der gebürtige Ungar war bis zu seinem Tod im Jahre 1960 das »Gehirn« der Vereinigten Staaten auf den Gebieten der Binnenwirtschaft und der Verteidigung. Er stand in so hohem Ansehen, daß während seiner letzten Krankheit (er litt an einer ungewöhnlichen, heimtückischen Form von Krebs, der wahrscheinlich auf radioaktive Strahlungseinwirkungen anläßlich einer Inspektion von Kernreaktoren zurückging) die höchsten Politiker des Landes, vom Präsidenten bis zu den Ministern und wichtigen Beamten, ihn am Krankenlager besuchten. Unter unsäglichen Schmerzen leidend, gab er mit schier übermenschlicher Willenskraft bis zuletzt Anweisungen, die sowohl geheimste Forschungsprojekte als auch die Entwicklung eines wirtschaftlichen und industriellen Systems betrafen, in dem es keine Wirtschaftskrisen mehr geben sollte.

John von Neumann hat allgemeine Begriffe aufgestellt, die gleichzeitig die Physik und die Psychologie umfassen. Ausgegangen ist er dabei von Untersuchungen über die Theorie von Spielen wie Poker, Schach, Dame. Gewisse Anwendungsmöglichkeiten seiner Arbeiten, durch die der Begriff der Strategie verallgemeinert wird, haben es ihm erlaubt, die Theorie der Elektronenrechner auszuarbeiten.

Die Denkmaschinen waren ursprünglich lediglich als Rechenmaschinen gedacht. Rechnen ist gewiß sehr wichtig. Der Mensch baut Brücken, Atom-Unterseeboote, Raumschiffe, Flugzeuge und Automobile; um sie bauen zu können, muß er Berechnungen anstellen. Die Maschinen, die man zunächst entwickelte, um ihm dabei zu helfen, führen auch heute noch Rechenaufgaben durch. Sie sind eine wichtige Hilfe in Forschung und Technik.

Seit 1947 weiß man jedoch, daß die Elektronenrechner auch mit anderem umgehen können als mit Zahlen, nämlich mit jeder beliebigen Information.

Der Ausdruck Information ist ein allgemeiner Begriff, der im modernen Sinn von Leo Szilard, Claude Charon und Léon Brilloin geprägt wurde. Die Ziffern sind nur eine unter vielen Formen der Information; andere Informationsarten sind der Tanz der Bienen, die Sprache, die Musik, die Kunst, verschlüsselte Botschaften. Sobald man es verstand, jede Information mathematisch zu definieren, erkannte man, daß die Elektronenrechner vieles konnten, von dem man bis dahin nichts geahnt hatte: Texte von einer Sprache in eine andere übersetzen, in einem Buch ein bestimmtes Wort heraussuchen, eine chiffrierte Nachricht, deren Code nicht bekannt ist, entziffern . . .

Information ist weder Materie noch Energie. Mathematisch läßt sie sich einfach definieren, erstaunlich einfach, wenn man bedenkt, wie wichtig dieser Begriff ist. Die Informationsmenge ergibt sich aus dem Verhältnis:

$$\frac{\text{Wahrscheinlichkeit eines Ereignisses oder Zustands nach Erhalt der Information}}{\text{Wahrscheinlichkeit eines Ereignisses oder Zustands vor Erhalt der Information.}}$$

Diese Gleichung ist für die Zukunft der Menschheit ebenso bedeutsam wie Einsteins $E = mc^2$.

Ein kompetenter Mathematiker kann mit ihrer Hilfe nachweisen, warum Kreuzworträtsel möglich sind, kann den Wabentanz der Bienen enträtseln, kann einen Schwingungskreis berechnen, der eine Verbindung mit dem Planeten Mars oder Venus erlaubt, kann einen Elektronenrechner bauen, der Informationen aller Art und nicht nur

Zahlen zu verarbeiten versteht, einen Automaten, der Schach spielt, tanzt, lernt, übersetzt, Analysen durchführt. Zwar vermag eine solche Maschine nicht zu denken (darauf kann man gar nicht oft genug hinweisen), aber sie ist doch so vielseitig und anpassungsfähig, daß sie dem menschlichen Gehirn eine echte Hilfe sein kann, daß sie dem Gehirn neue Möglichkeiten eröffnet.

Immer schneller denken

Nach 1947 kam es auf dem Gebiet der Elektronenrechner zu einer wahren Sintflut: Immer neue Geräte tauchten auf. Mit stets wachsender Geschwindigkeit führen sie die ihnen gestellten Aufgaben aus. Bendix hat bereits einen Versuchsrechner angekündigt, der in einer Sekunde 100 Millionen Informationen verarbeiten kann. Er will sich dafür der neuesten elektronischen Erfindung bedienen, des Diodentunnels (ähnlich dem Transistor, aber praktisch trägheitslos). Für ein solches Gerät gäbe es als einzige Grenze die Lichtgeschwindigkeit; es verarbeitet Informationen noch rascher als das menschliche Gehirn. Es könnte den Vorgängen folgen, die sich im Inneren einer Atombombe abspielen, noch ehe diese wirklich explodiert ist. Solche Elektronenrechner sind derzeit noch nicht auf dem Markt, aber auch die heute erhältlichen Datenverarbeitungsanlagen, beispielsweise Gamma 60, leisten bereits Erstaunliches. Eine solche Anlage berechnet im Comptoir National d'Escompte in Paris in etwa vier Stunden täglich 30000 Wechsel, eine Arbeit, für die früher hundert Menschen einen vollen Arbeitstag brauchten. Man ist dabei, die gesamte Kontenführung auf Elektronenrechner umzustellen. Mehr als eine Million Konten werden dann automatisch geführt werden, und man braucht dazu nur eine einzige Anlage, die Gamma 60. Sie erledigt in zwei Stunden eine Arbeit, zu der mit Lochkarten gespeiste Maschinen 200 Stunden benötigten.

Die neuen Zauberschränke

Ich habe mehrere dieser Rechenanlagen in Betrieb gesehen; in Paris, in Brüssel, in Mailand. Von Maschinen kann man hier eigentlich nicht sprechen. Eine Gamma 60 besteht auf den ersten Blick aus einem großen kahlen Raum, der an einen Operationssaal erinnert. Im Mittelpunkt sitzen zwei Menschen an einem Pult. Sie verkehren mit der Maschine mittels einer Tastatur, die wie die Tastatur einer elektrischen Schreibmaschine aussieht. Diese Tastatur wird entweder durch Gamma 60 betätigt oder durch den Operateur, wenn dieser eine Information einzugeben hat. Die eigentliche Anlage besteht aus einer Reihe von Stahlschränken, die ohne offenkundige Ordnung und ohne sichtbare Verbindung im Raum verteilt sind. Die Verbindungskabel verlaufen unter dem Fußboden. Man kann beliebig viele solcher Schränke zusammenstellen. Unbedingt erforderlich ist nur ein einziger Schrank, das zentrale Element, das das Steuerungsorgan darstellt. Im Gegensatz zum menschlichen Gehirn kann sich dieses Steuerungsorgan mit mehreren Problemen gleichzeitig befassen. Es hat eine praktisch unbegrenzte Zahl von »Unterbewußtseins«, die parallel arbeiten. Es ist so, als ob ein Wissenschaftler gleichzeitig an physikalische, chemische, mathematische und biologische Probleme denken könnte. Im Zentralschrank befinden sich ein Arbeits-Ferritkernspeicher und eine Reihe von elektronischen Schaltelementen, die die angeschlossenen Schränke steuern und die gleichzeitige Ausführung mehrerer Aufgaben ermöglichen. Ein Ferritkern ist winzig klein; sein Durchmesser beträgt noch nicht einmal einen Millimeter. Ferrit ist eine chemische Verbindung von Eisenoxid mit anderen Metalloxiden; sie kann Informationen durch Magnetisierung speichern.

Die Speicherfähigkeit richtet sich nach den Bedürfnissen. Ein solcher Speicher kann bis zu 200000 Ziffern speichern, die mit einer Geschwindigkeit von 6 Ziffern in einer Hunderttausendstelsekunde abgerufen werden können.

Die Arbeitselemente haben folgende Aufgaben:

sie verarbeiten Informationen; so führt das arithmetische Element Rechenoperationen mit den Zahlen durch, die ihm vom Speicher geliefert werden;
sie speichern Informationen; die Magnetbandspeicher können bis zu 10 Millionen Daten (Ziffern oder Buchstaben) aufnehmen, und es können bis zu 24 Abrufgeräte angeschlossen werden;
sie geben Informationen in die Anlage ein (Eingabegerät) und teilen Informationen mit (Ausgabegerät); an eine Rechenanlage können mehrere Karten- oder Streifenlocher oder auch die moderneren Zeilenschnelldrucker angeschlossen sein.

Die um das zentrale Element im Raum verteilten Schränke rechnen, kombinieren, handeln und liefern dann ihre Ergebnisse. Um mit ihnen in Verbindung zu treten, bedienen sich die Operateure des zentralen Elements. Dieses verfügt über eine eigene, aus mathematischen Symbolen bestehende Sprache für den internen Gebrauch und eine Reihe von einfacheren Sprachen, deren es sich bedient, um sich der Außenwelt mitzuteilen.

1530 Kilometer Literatur in der Stunde

Mit einer solchen Rechenanlage kann man eine Bank oder eine Versicherungsgesellschaft führen, sämtliche Wörter der französischen Sprache in einem dynamischen Speicher sammeln, um sie zu studieren oder zu übersetzen, Flugbahnen für interplanetarische Sonden berechnen, dem menschlichen Gehirn neue Synthesen auf den verschiedensten Gebieten ermöglichen.

Die elektronische Informationsverarbeitung bietet eine Möglichkeit, das Unmögliche Wirklichkeit werden zu lassen. Forschungsarbeiten oder industrielle Reorganisationen, an die man sich nicht heranwagte, werden nun plötzlich durchführbar. Wir erleben in unserer Zeit, daß sich seriöse Menschen mit Problemen befassen, die noch vor fünf Jahren ins Gebiet der Science-fiction verwiesen wurden: Bankiers interessieren sich für elektronische Informationsspeicher, Sprachforscher studieren das Dualsystem, Militärs wollen in weniger als einer Sekunde die Bahn einer mit Riesengeschwindigkeit dahinziehenden Rakete berechnet oder eine explodierende Atombombe analysiert haben. Noch sind nicht alle notwendigen Voraussetzungen geschaffen; die Kommunikationsmöglichkeiten mit der Rechenanlage, d. h. die Ein- und Ausgabe von Information, sind noch weit langsamer als die Operationen der Anlage selbst. Aber schon hat man Schnelldrucker entwickelt, die in für den Programmierer verständlichen Zeichen bis zu 1530 Kilometer Papier in der Stunde bedrucken können. Und für die Zukunft ergeben sich noch phantastischere Aussichten.

Maschinen mit Charakter

An einem Märztag im Jahre 1959 verlor der amerikanische Wissenschaftler Dr. A. I. Samuel eine Damepartie. Es war ein denkwürdiger Tag in der Menschheitsgeschichte. Der Gegenspieler Dr. Samuels war nämlich ein IBM-704-Rechner. Diesen Elektronenrechner hatte man auf eine neue Weise programmiert. Man hatte ihm ein »Lernprogramm« eingegeben. Nach zehn Stunden spielte der Rechner besser Dame als der Urheber des Programms.

Forschungsarbeiten in dieser Richtung werden in den Vereinigten Staaten mit allem Nachdruck betrieben, so im Corbell Aeronautic Laboratory in Buffalo. Es ist sehr schwierig, Programme dieser Art auszuarbeiten; für ein einziges solcher Programme braucht man eine ganze Gruppe von Spezialisten.

Bei Euratom ist eine Forschergruppe am Werk, um einen schachspielenden Elektronenrechner zu entwickeln. Man tut das natürlich nicht um des Spiels willen, sondern weil ein derartiger Rechner auch einen der Kernreaktoren steuern könnte, die man in den nächsten zwanzig Jahren für Kernkraftwerke bauen will.

Lernfähigen Maschinen kann man eine gewisse »Persönlichkeit« nicht absprechen, und so haben große Firmen bereits Psychologen engagiert, die auf die Psychologie Dreijähriger spezialisiert sind. Heißt das, daß eine solche Anlage zu denken vermag? Das sicherlich nicht, aber sie legt ein bestimmtes »Verhalten« an den Tag. Sogar die Schwerter und die Segelschiffe hatten »Charakter«, und ihre Besitzer gaben ihnen Namen, behandelten sie fast wie Lebewesen. Auch Rennwagen, wenngleich weit weniger kompliziert als elektronische Datenverarbeitungsanlagen, haben »Persönlichkeit«, und manche geben nur dann ihr Bestes, wenn ein bestimmter Fahrer am Steuer ist. Seit dem ersten Werkzeug besteht zwischen Werkzeug und Werkzeugbenutzer eine Art Symbiose. Diese Beziehung ist um so komplizierter und enger geworden, je vollkommener das Werkzeug wurde.

Maschinen mit Wutausbrüchen

Wie kleine Kinder erweisen sich die Elektronenrechner manchmal als recht boshaft oder launenhaft. Gelegentlich lassen sich ihre »Anfälle« wissenschaftlich erklären. So arbeitete ein Rechner nur, wenn das Fenster geöffnet war. Nach monatelangen Nachforschungen kam der Konstrukteur darauf, daß er dem Kühlsystem nicht genügend Aufmerksamkeit geschenkt hatte. Bei geschlossenem Fenster wurde es im Raum so warm, daß die Transistoren nicht richtig funktionierten.

Man hat daraus die Lehre gezogen: Gamma 60 ist mit 6 Kühlaggregaten versehen, die die Temperatur der Elemente konstant auf 14° C halten.

Eine andere Anlage läßt sich stören, wenn man in der Nähe Kastagnetten spielt. Sie ist eben sehr empfindlich gegen Erschütterungen. Eine andere Rechenanlage, diesmal in den Vereinigten Staaten, nahm ein ihr eingegebenes Programm nicht an, sondern spuckte es mit dem folgenden Kommentar wieder aus: »Das ist absurd, Sie haben versucht, 0 durch 0 zu teilen.«

Nicht immer protestieren die Datenverarbeitungsanlagen auf so spektakuläre Weise. Es genügt allerdings schon der kleinste Fehler, um ein Programm falsch ablaufen zu lassen. Ein französischer Fachmann, Jean Porte, schreibt:

»Der erste Versuch einer Programmierung bietet ein deprimierendes Schauspiel. Entweder leuchten gleich verschiedene rote Lämpchen auf, und die ganze Anlage bleibt stehen, oder sie bleibt nicht stehen, aber dafür läuft das Programm ewig durch den gleichen Zyklus falscher Informationen. Oder aber sie druckt unverständliches Zeug.«

Ein einziger Fehler reicht aus, um ein ganzes Arbeitsprogramm wertlos zu machen; und wenn eine Maschine schon älter ist, kann es leicht zu solchen Fehlern kommen. Deshalb denkt man heute ernsthaft daran, die Maschinen gegen Fehler zu »impfen«. Dies soll so geschehen, daß man ihnen viele mögliche Fehler zusammen mit einem Lernprogramm eingibt, das ihnen verbietet, jemals diese Fehler zu wiederholen.

Morgen werden sie unsere Sprache sprechen

Anders als das menschliche Gehirn kann die Datenverarbeitungsanlage bei Bedarf verjüngt werden. Es genügt, wenn man die mangelhaften Teile auswechselt. Sie kann also im Prinzip aus ihren Fehlern lernen. In dieser Richtung sind Forschungsarbeiten im Gange, die mit schwer zu übersetzenden Namen belegt sind: heuristisches Programm, Deutungsprogramm, Zufallszellen, Majoritätslogikanlagen, Schwellenkommunikationsfunktion. Eine vereinfachende Erklärung dieser hochkomplizierten Programme ist unmöglich. Deshalb sei hier nur so viel dazu gesagt, daß es sich ebenfalls um eine Art von »Impfung« handelt, die darauf abzielt, daß ein einmal begangener Fehler nicht mehr wiederholt wird. Die Maschine kontrolliert sich selbst nach dem Prinzip, daß drei übereinstimmende Ergebnisse in drei verschiedenen Schaltkreisen richtig sein müssen. Am Horizont zeichnet sich bereits eine unfehlbare Elektronenanlage ab.

Bald schon werden die Menschen nicht mehr mit Hilfe elektronischer Tastaturen, sondern durch die Sprache mit den Datenverarbeitungsmaschinen in Verbindung treten. Die Anlagen werden über Einrichtungen verfügen, die die menschliche Sprache in die Sprache der Maschine übersetzen und umgekehrt. Schon haben amerikanische Forscher, unter ihnen Anthony Oettinger, in dieser Richtung bedeutsame Fortschritte erzielt. In naher Zukunft wird es »brainstorm sessions« zwischen Mensch und Maschine geben. Wer allerdings die heutigen Elektronenrechenanlagen kennt, sieht den zukünftigen Anlagen mit einigen Bedenken entgegen, und vielleicht gehört die Notwendigkeit einer psychotherapeutischen Betreuung solcher Anlagen nicht ganz in den Bereich der Phantasie.

Gegen Zeit und Raum

Der Möglichkeit einer direkten Kommunikation zwischen Mensch und Rechenanlage wendet man heute viel Interesse zu. Die Arbeiten gehen in verschiedene Richtungen. Auf der einen Seite sucht man nach einer neuen Sprache, die einen besseren Direktkontakt zwischen Mensch und Maschine erlauben würde. Mathematiker wie der Holländer Hans Freudenthal haben »Lincos« entwickelt, das auch eine Verständigung mit anderen Geisteswesen ermöglichen soll, etwa mit den Bewohnern anderer Planeten.

Auf der anderen Seite sucht man die Eingabegeräte zu vervollkommnen. Die Lochkarte, die Schreibmaschine, auch die menschliche Sprache brauchen zuviel Zeit. Wenn die Anlage die Informationen mit der Schnelligkeit von Fernsehbildern erhalten könnte, also so rasch, wie die Bilder auf den Bildschirm kommen, könnte sie Informationen vom Umfang eines Buches in einer einzigen Minute aufnehmen. Für ein Vorhaben, wie die Universität von Nancy es durchzuführen gedenkt, nämlich die Speicherung aller Schätze der französischen Sprache (samt Vokabular, Grammatik und wichtigsten literarischen Werken) in einer einzigen Datenverarbeitungsanlage, käme eine solche Geschwindigkeit sehr gelegen.

Wieder andere Techniker und Wissenschaftler wenden ihre Aufmerksamkeit den Ausgabegeräten zu. Auch hier ist das menschliche Wort zu langsam. Die Anlagen müßten unter sich in ihrer eigenen Sprache verkehren können. Man kann sich dazu der Anlagen der Fernsprechnetze bedienen. Schon bald werden in den Vereinigten Staaten schätzungsweise 40 Prozent der neuen Telefonverbindungen nicht mehr zwischen Menschen, sondern zwischen Datenverarbeitungsmaschinen hergestellt werden.

Bei den zukünftigen Datenverarbeitungsanlagen können die Arbeitselemente Tausende von Kilometern vom zentralen Element entfernt sein. Schon plant man Anlagen mit einem zentralen Element auf der Erde und Informations- und Arbeitselementen auf dem Mond, dem Mars oder der Venus. Auf diese Weise wird die Technik wenigstens partiell Raum und Zeit erobert haben.

Zwiegespräch Mensch – Maschine

Ich habe einem Dutzend Technikern, Spezialisten auf dem Gebiet der Informatorik und Datenverarbeitung der Firma Bull, die sich mir freundlicherweise zur Verfügung gestellt haben, eine Frage vorgelegt, die mich brennend interessiert:

»Glauben Sie, daß es eines Tages ein Weltgedächtnis geben wird, ein riesiges Gehirn, das die Menschheit steuert und beherrscht, wie es in manchen Science-fiction-Romanen geschildert wird?«

Die Techniker schienen dies stark zu bezweifeln. Sie glauben nicht, daß es je eine solche gewaltige Informationszentrale geben wird; ihre Arbeiten zielen vielmehr auf die Entwicklung preisgünstiger kleiner Anlagen. Der moderne Mensch geht nicht mehr zu Fuß von Paris nach Marseille; er bedient sich eines Transportmittels. Der Mensch der nahen Zukunft wird nicht mehr allein denken; er wird sich einer tragbaren Datenverarbeitungsanlage bedienen, die für ihn Informationen auswertet. Solche Anlagen wären vor allem für Wissenschaftler und Techniker von ungeheurem Wert. Sie werden »individualisiert« sein: jeder besitzt eine auf ihn abgestimmte Anlage, die ihn genau kennt und ihn möglichst weitgehend ergänzt. Zudem wird diese Anlage auch über seine Fehler und Schwächen Bescheid wissen, wird beispielsweise wissen, daß er die Gewohnheit hat, keine ganz exakten Beweise zu liefern, weil er mit bestimmten mathematischen Formeln nicht zurechtkommt, und sie wird ihm dann diese Formeln liefern und verwerten. Die unendliche Geduld des Automaten wird der Arbeit des Wissenschaftlers eine Genauigkeit, Endgültigkeit und Übersichtlichkeit geben, die ohne eine solche Hilfe nicht erreichbar sind.

So gesehen, wird die Maschine dem Menschen viel nützen. Aber andererseits wird auch der Mensch viel beitragen müssen, um ein reibungsloses und fruchtbares Zusammenwirken zu ermöglichen.

Die enge Zusammenarbeit zwischen Mensch und Elektronenrechner wird es dem Menschen erlauben, allgemeine Ideen auszuarbeiten, kategorische Begriffe aufzustellen, sein Abstraktionsvermögen in ungeahnter Weise zu entwickeln. Diese Menschen, die dazu ausersehen sind, mit den Maschinen zusammenzuarbeiten, haben schon einen Namen: es sind die Programmierer. Unter ihnen gibt es einige außergewöhnliche Spezialisten, aber im allgemeinen ist die übliche Ausbildung nicht dazu angetan, in ihnen jene schöpferische Phantasie zu wecken, die notwendig ist, um das Zusammenwirken von Mensch und Maschine fruchtbar werden zu lassen.

Denkende Spiegel

Die Techniker befassen sich heute besonders mit den Speicherelementen der Datenverarbeitungsanlagen. Heute verwendet man meist Magnetbandspeicher. Die dort gespeicherten Informationen können in wenigen Mikrosekunden abgerufen werden. Aber so außergewöhnlich diese Elemente auch sind, sie genügen den Spezialisten nicht mehr. Man will Spiegel entwickeln, in denen Milliarden von Informationseinheiten, von den Fachleuten »bits« genannt, gespeichert werden können. Einige dieser in den Laboratorien gebauten Versuchsspeicher erscheinen geradezu märchenhaft. Zu ihnen gehört der »sich erinnernde Spiegel«, den K. Kallmann und J. Rennert für die amerikanische Marine entwickelt haben. Er besteht aus einer Kristallplatte besonderer Zusammensetzung, die alles absorbiert, was sie »sieht«, sogar bei vollkommener Dunkelheit, denn sie registriert die infraroten Strahlen, die durch die Eigenwärme aller Gegenstände und Lebewesen ausgesandt werden. Es ist ein echter Zauberspiegel aus alten Märchen, jener schwarze Spiegel, von dem Cocteau gesagt hat, daß er »nachdenken müßte, ehe er das Bild zurückspiegelt«. In der Tat, er denkt wirklich nach . . .

Bei anderen Speichern bedient man sich der Elektronen selbst: Ihre Bahn in den Atomen erlaubt die Aufzeichnung von Informationen. Vielleicht beruht darauf die Fähigkeit der Moleküle in den Chromosomen, Träger der Vererbung zu sein. Bei wieder anderen experimentellen Speichern bedient man sich der Supraleitfähigkeit der Materie bei Temperaturen nahe dem absoluten Nullpunkt. Es gibt Speicher, die wahre Bibliotheken sind: Die automatische Bibliothek von IBM enthält eine Million Druckseiten pro Einheit, und man kann solche Einheiten in unbegrenzter Zahl zusammenstellen. In jeder Einheit wird das gewünschte Dokument in einer Sekunde abgerufen, und nach 5 bis 10 Sekunden liegt die fertige Fotokopie vor. Der Bau eines Elektronenspeichers, der alle von einem Menschen im Verlauf seines Lebens angesammelten Informationen enthält, ist technisch kein Problem, sondern lediglich eine Geldfrage. Hier haben wir Prousts »wiedergefundene Zeit«.

Alle diese Elektronenspeicher sind statisch; sie verändern sich nicht, verändern niemals das, was sie gespeichert haben, im Gegensatz zum menschlichen Gehirn, in dessen geheimnisvollen Tiefen alles Gespeicherte irgendwie »gefärbt« wird. Indessen befaßt man sich ernsthaft mit Plänen, auch dynamische Speicher zu entwickeln. In ihnen würde sich das Aufgezeichnete verändern, es gäbe Wechselwirkungen zwischen den gespeicherten Informationen. Meines Wissens gibt es zwar bis heute dergleichen noch nicht, aber zumindest theoretisch arbeitet man daran.

Anschluß an ein Wissensnetz

Die individuelle Datenverarbeitungsanlage, die logische Lösung der Zukunft, und die Möglichkeit, die Elemente einer Großanlage Tausende von Kilometern voneinander entfernt aufzustellen und miteinander zu verbinden, kündigen den Anschluß an ein Wissensnetz an, der eines Tages so selbstverständlich sein wird wie der heutige Anschluß ans Stromnetz oder an die Wasserversorgung. Jedes Unternehmen, jedes Laboratorium und viele Haushalte werden über einen solchen Anschluß verfügen, der es ihnen ermöglicht, per Telefon oder Fernschreiber Fragen zu stellen, die ihnen von einer in beliebiger Entfernung aufgestellten Datenverarbeitungsanlage beantwortet werden. Ein solches Wissensnetz wird ebenso wissenschaftliche, industrielle und kommerzielle Probleme wie finanzielle und andere Angelegenheiten regeln helfen.

Heute ist ein Laboratorium ohne Strom- und Wasseranschluß, ohne Kompressor und Evakuator undenkbar. Schon bald wird man sich ein Laboratorium ohne Anschluß an das Wissensnetz nicht mehr vorstellen können.

Wie bei einem Telefonanschluß durch den Gebührenzähler oder bei einem elektrischen Anschluß durch den Stromzähler werden bei einem Anschluß an das Wissensnetz durch besondere Einrichtungen automatisch die Gebühren für die Inanspruchnahme berechnet werden. Die Zeit des einsamen Forschers wird endgültig vorüber sein.

Jeder wird an den Arbeitsergebnissen aller teilhaben können; jeder kann sich die Richtigkeit seiner Ideen und Projekte automatisch bestätigen lassen. Ab einer bestimmten Stufe in der Hierarchie des Geisteslebens wird jeder außer dem Anschluß an das Wissensnetz noch eine besonders auf ihn abgestimmte Kleinanlage zur Verfügung haben, die ihn beim Denken unterstützt.

Ich glaube, daß die Entwicklung in diese Richtung gehen wird, hin zu automatischen Anlagen, die dem Menschen helfen, sein Denken zu erweitern und zu beschleunigen. Daß sich die Menschheit ein künstliches »Übergehirn« zulegen wird, ist nicht wahrscheinlich.

Der phantasievollen, aber wenig erfreulichen Zukunftsvision des Amerikaners MacGowan wollen wir eine menschlichere, dynamische Vision entgegenstellen, die ein Fachmann für Elektronik vor kurzem in einer Fachzeitschrift in folgende Worte gekleidet hat:

»Schon heute weben zwischen dem Menschen und dem Universum, zwischen dem Universum, das übervoll ist von Möglichkeiten, und dem Menschen, der erfüllt ist von Lernbegierde, die elektrischen Ströme das Netz eines gemeinsamen Lernwillens . . .«

Der vierte Aggregatzustand der Materie

Jacques Bergier

»Der Horizont öffnete sich zur Materie hin. Die Dunkelheit schuf Klarheit.«

Maurice Leblanc, *»Les trois yeux«*

Kennen wir die Struktur des Universums?

Der Alchimist Johann Baptist van Helmont (1577–1644) ahnte als erster, daß es außer dem festen und dem flüssigen noch einen anderen Aggregatzustand der Materie gibt. Van Helmont stand mit Wundern auf vertrautem Fuß. Ein Unbekannter hatte ihm den Stein der Weisen geschenkt, mit dessen Hilfe er mehrere Hundert Gramm Gold herstellte. 1609 lehnte er die Berufung an eine Universität ab, um sich ganz und gar dem widmen zu können, was er die »Philosophie des Feuers« nannte. Zu Ehren der Alchimie gab er seinem Sohn den Namen Merkur. Dieser Sohn gab seine Werke heraus und zeichnete seine Experimente auf. Van Helmont wies nach, daß es Gase gibt und daß sich die Materie noch stärker verdünnen kann als im flüssigen Zustand, daß sie zu einem unsichtbaren »Dampf« werden kann. Gas ist unsichtbar, aber stark. Er brachte eiserne Behälter zur Explosion, indem er in ihnen mit einer von ihm erfundenen Pumpe Gase komprimierte. Nach fünfunddreißigjährigen Versuchen konnte er einwandfrei nachweisen, daß es außer dem festen und dem flüssigen noch einen dritten Aggregatzustand gibt, den gasförmigen.

Wenn drei Aggregatzustände der Materie, warum nicht noch einen vierten? Diese Frage hat seitdem viele Forscher beschäftigt, vor allem William Crookes im ausgehenden 19. Jahrhundert. Crookes wurde von seinen Kollegen nicht für ganz voll genommen, denn er interessierte sich für Levitation, Telepathie und Spiritismus. Und doch hatte er ganz richtig vermutet: Es gibt einen vierten Aggregatzustand der Materie, in dem diese noch gasförmiger ist als im gasförmigen Zustand. Diesen vierten Zustand bezeichnet man als Plasma. Mit der gleichnamigen Blutflüssigkeit hat es allerdings nichts gemeinsam.

In einem normalen Gas ist die Materie in Form von stabilen Molekülen oder Atomen vorhanden. Im Plasma haben die Atome einen

Teil ihrer Elektronen verloren; man sagt, daß die Materie ionisiert ist. Plasma setzt sich also aus den üblichen Molekülen und Atomen, aus ionisierten Molekülen und Atomen und aus freien Elektronen zusammen. Wo verläuft die Grenze zwischen Gas und Plasma? Es gibt keine ganz klare Grenze. Der Physiker spricht von Plasma, wenn ein beträchtlicher Teil der Atome Elektronen verloren hat (in der Physik gilt als »beträchtlicher Teil« eine Zahl von 10^{10} bis 10^{20} Ionen pro Kubikzentimeter).

Eine wissenschaftliche Welt für sich

Plasma können wir bei vielen Gelegenheiten sehen. Es leuchtet in den Röhren der Lichtreklame und in den Leuchtstoffröhren. Mit unerträglicher Helligkeit strahlt es von der Sonnenoberfläche zu uns herab. Plasma entsteht und existiert gewöhnlich nur unter ganz bestimmten Bedingungen: starke elektrische Entladungen, Strahlenbombardement von Atomen, sehr hohe Temperaturen. Plasma sieht man in extrem hellen Flammen, die übrigens keineswegs heißer zu sein brauchen als andere Flammen. Sie müssen lediglich eine Substanz enthalten, die leicht ionisiert wird. Man kann gefahrlos Plasma erzeugen, indem man in eine Kerzenflamme Kochsalz streut. Die Hitze der Flamme reicht aus, um den Natriummolekülen Elektronen zu entreißen. Die Flamme enthält die üblichen Verbrennungsgase, gewöhnliche Natriummoleküle, ionisierte Moleküle und freie Elektronen. Damit haben wir ein Plasma vor uns. Dieses neue Gebilde weist ungewöhnliche Eigenschaften auf, von denen sich die herkömmliche Physik und Chemie nichts träumen ließen. Die Plasmatheorie ist äußerst kompliziert. Um sie zu verstehen, braucht man Kenntnisse der höheren Mathematik. Übrigens kennt man noch lange nicht alle Eigentümlichkeiten des vierten Aggregatzustands; überall in der Welt ist man noch eifrig dabei, sie zu erforschen.

Ein paar einfache Beispiele mögen zeigen, daß der Wissenschaftler, der sich mit dem Plasma befaßt, eine ganz neue Welt betritt. Während sich gewöhnliche Gase ausdehnen und einen gegebenen Raum möglichst vollständig einzunehmen bestrebt sind, kann das natürliche Plasma unter bestimmten Bedingungen durch elektrische (wir erhalten dann den Kugelblitz) oder magnetische Kräfte zusammengefaßt werden. Aus frühester Zeit wird von leuchtenden Kugeln berichtet, die bei Gewittern erschienen, in Häuser eindrangen und bei ihrer Explosion einen elektrischen Schlag versetzten. Bis 1935 wurde die Möglichkeit eines solchen Phänomens von den Wissenschaftlern weder geleugnet noch bestätigt. Nachdem es gelang, im Laboratorium Kugelblitze zu erzeugen, mußte man sie als Realität anerkennen. Die neueste Plasmatheorie beweist, daß die seit ältesten Zeiten vorliegenden Zeugnisse den Tatsachen entsprachen.

Sich bewegende elektrische Ladungen erzeugen einen elektrischen Strom. Ein Strom erzeugt ein Magnetfeld. Andererseits beeinflußt ein Magnetfeld die Bahn elektrisch geladener Teilchen. Deshalb kann Plasma sich gleichsam zusammenballen, eine Wolke bilden, die andere Plasmawolken abstößt. Man bezeichnet diese als Plasmoiden. Es wird angenommen, daß die Sonnensysteme, ehe sie zu Sonnen und Planeten kondensieren, zunächst nichts als riesige Plasmawolken sind. Im Laboratorium hat man Plasmoiden erzeugen können, die eine große Ähnlichkeit mit Galaxien haben und sogar wie Spiralnebel aussehen können.

Ein Gas, das sich wie ein Metall verhält

Normale Gase leiten die Elektrizität nur schlecht, wie die Tatsache beweist, daß man die Ausgangsöffnungen von Steckdosen, auf denen eine Spannung von 110 oder 220 Volt liegt, offen läßt, ohne daß es je zwischen den beiden Polen zu einem Kurzschluß kommt. Beim Plasma ist das anders. Als guter Leiter verhält es sich gleichzeitig wie ein Gas und wie ein Metall. Wie ein Metall fließt durch das Plasma ein elektrischer Strom, wenn man es zwischen zwei Elektroden bringt. Das geschieht in den Leuchtröhren und Leuchtstofflampen. Bei sehr hohen Stromstärken zeigt sich jedoch ein neues Phänomen. Ein von allzuviel Strom durchflossener metallischer Leiter schmilzt. Das Plasma kann nicht schmelzen, weil es sich schon in einem gasförmigen Zustand befindet. Unter der Einwirkung des starken Magnetfelds des Stroms zieht es sich zusammen: Aus einer Plasmawolke wird ein dünner leuchtender Schlauch. Man bezeichnet dies als »Pinch-Effekt«.

Man muß sich einmal klarmachen, daß dieser vierte Aggregatzustand, den die Wissenschaftler erst seit etwa dreißig Jahren kennen, gleichsam der »Urzustand« der Materie ist. Im Plasmazustand befinden sich etwa 90 Prozent der Materie im Weltall. Der feste, flüssige und gasförmige Aggregatzustand sind also nur Ausnahmefälle.

Die Sonnen, das Feuer, das Nordlicht, die interplanetarischen

Gase befinden sich im Plasmazustand. Auch fast die gesamte interstellare Materie ist in diesem Zustand. Ebenso bestehen die Strahlungsgürtel, die die Erde umgeben, aus Plasma. Die Neonröhren enthalten leuchtendes Plasma. Die Radiowellen natürlichen Ursprungs sind durch elektrische Spannungsschwankungen im Plasma verursacht.

Das Plasma weist stets die gleichen Eigenschaften auf, gehorcht stets den gleichen Naturgesetzen, ob es nun sehr heiß (Millionen Grad im Inneren der Sonne) oder kalt (in der oberen Erdatmosphäre), ob es sehr dicht oder stark verdünnt ist.

Warum ist Rundfunk möglich?

Die Entdeckung des Plasmas hat weitreichende Folgen. Unsere auf den drei herkömmlich bekannten Aggregatzuständen der Materie basierende Physik und Chemie sind lediglich Wissenschaften von begrenztem Interesse. Heute, da man das Plasma kennt, erklären sich manche wissenschaftliche Fehlschläge der Vergangenheit. So hatte beispielsweise Hertz nachgewiesen, daß die von ihm entdeckten Wellen niemals eine Nachricht übermitteln könnten. Er glaubte, daß sie, da sie sich wie die Lichtwellen gradlinig fortpflanzten, niemals beispielsweise von Paris nach New York gelangen könnten. Dennoch gelang dem Italiener Marconi, der von den wissenschaftlichen Theorien des deutschen Physikers nichts wußte, mit Hilfe der Hertzschen Wellen eine Nachrichtenübermittlung auf eine große Entfernung. Die Wissenschaftler konnten sich das nicht erklären. Erst viel später fand man des Rätsels Lösung: Die Erde ist in der Atmosphäre von einem Plasmagürtel umgeben, der die Radiowellen reflektiert und sie wieder zur Erdoberfläche zurückwirft. Zumindest gilt dies für Wellen von einer Länge zwischen mehreren Kilometern und mehreren Metern, also für Lang- oder Mittelwellen sowie für Kurzwellen. Ultrakurzwellen, Dezimeter-, Zentimeter- und Millimeterwellen werden vom Plasma durchgelassen. Auf diesen Wellenlängen kann man entsprechend von der Erde aus mit Raumsonden in Verbindung treten, die sich in der Nähe von Mars oder Venus befinden. Übrigens weiß man durch die Raumsonden, daß es nicht einen, sondern mehrere in der Höhe gestaffelte Strahlungsgürtel um die Erde gibt, so die beiden Van-Allen-Gürtel in 2250 bis 5500 und 13000 bis 19000 Kilometer Höhe.

Die Plasmaphysik und -chemie sind nicht mehr lokale, sondern universelle Wissenschaften. Sie sind erst im Aufbau; für die Raumfahrt sind sie von größter Bedeutung. Die Psychologen haben festgestellt, daß eigenartigerweise entscheidende Entdeckungen und Erfindungen immer dann gemacht werden, wenn die Menschheit ihrer dringend bedarf. Der Mensch hat das Plasma zu einem Zeitpunkt entdeckt, da er sich anschickte, ins All vorzustoßen, und er sein revolutionierendes Abenteuer nur durchführen konnte, wenn er die irdischen Naturgesetze vollkommen kannte.

Über der Atmosphäre gibt es eine weitere aus Plasma gebildete Schicht um die Erde. Am 15. Mai 1958 entdeckte Sputnik III die Existenz einer die Erde umgebenden Plasmawolke, die über dem Äquator dichter ist als über den Polen und sich bis auf 250 Kilometer der Erdoberfläche nähern kann. Später hat sich herausgestellt, daß diese Plasmaschicht von einer weiteren überlagert ist. Die erste Schicht beginnt in etwa 250 Kilometer Höhe und steigt bis auf 1000 Kilometer; sie konzentriert sich über dem Äquator. Die zweite hat ihre untere Grenze in 40000 Kilometer Höhe und umschließt fast die gesamte Erde, auch über den Polen.

Die zweite Schicht ist für den ins All vorstoßenden Astronauten am gefährlichsten. Uns interessiert aber zunächst die untere Schicht, weil sie sich auf die Nachrichtenverbindungen mittels elektromagnetischer Wellen auswirkt. Sie entsteht durch die unablässige Bombardierung der Atmosphäre durch Partikel aus dem Weltraum und durch die Aufnahme von Sonnenenergie. In der oberen Atmosphäre sind die Gase zwar stark verdünnt, aber immerhin kommen noch etwa 10 Millionen Partikel auf den Kubikzentimeter. Wenn die Partikel durch Strahlen oder aufprallende Korpuskeln ionisiert werden, schlagen sie im irdischen Magnetfeld bestimmte Bahnen ein. Gleichsam als Miniatursatelliten wandern die Elektronen von Osten nach Westen und die positiven Ionen von Westen nach Osten. Wie bei den Satelliten verschiebt sich die Umlaufbahn. Einem Beobachter auf der Erde erscheint sie als Spirale. Die Erde ist also von solchen Spiralen umgeben, die die Kraftlinien des irdischen Magnetfelds umschlingen. Manche dieser Elektronen erreichen Temperaturen von über 10 Millionen Grad. Die Ionen sind zwar nicht so heiß, aber immerhin reicht ihre Energie aus, um die Moleküle der Atmosphäre zu spalten und Nordlichter zu erzeugen.

Für das unbewehrte Auge ist diese ionisierte Schicht nicht zu sehen. Aber sie wirkt sich auf die Radiowellen aus. Auf dem 20-cm-Band ist die Wirkung fast gleich Null. Seitlich des 21-cm-Bandes, das ein Fenster im Strahlungsgürtel darstellt, wird sie hingegen sehr intensiv. Stark beeinflußt werden die Lang-, Mittel- und Kurzwellen zwischen 3000 Meter und 24 Zentimeter. Die Auswirkungen sind sehr vielfältig. Zum Teil werden diese Wellen völlig absorbiert, teils werden sie gespalten, teils wirkt die Schicht wie ein sphärischer Spiegel, der Bilder entstehen läßt. Deshalb waren die Sputniks von »Geisterbildern« begleitet, die ihnen genau gegenüberstanden und die gleichen Strahlen aussandten.

Die ungewöhnlichste Entdeckung der modernen Physik

Mit Hilfe der üblichen Radioteleskope hat man herausgefunden, daß die Sonne von Plasma umgeben ist und aus Plasma besteht. Von Zeit zu Zeit explodiert dieses Plasma und überschüttet die Erde mit kosmischen Strahlen, Magnetfeldern, Elektronen und geladenen Partikeln. Diese Partikel erfüllen unser ganzes Sonnensystem und bewirken ein erst seit kurzem bekanntes Phänomen, die Sonnenwinde. Raumsonden, die von der Erde zur Venus gesandt wurden, haben eine Karte dieser Sonnenwinde aufgezeichnet.

Noch vor wenigen Jahren hatte man von diesen Plasmawinden nicht die geringste Ahnung. Ein Schüler von Bruno Rossi versicherte vor kurzem in Florenz, daß sein Lehrer die Sonnenwinde als die ungewöhnlichste Entdeckung der modernen Physik ansah. Man nimmt an, daß sie auf die Erdrotation einwirken und diese modifizieren. Ferner vermutet man, daß sie in unserer Atmosphäre Veränderungen hervorrufen, die Wirbelstürme verursachen. Außerdem sollen sie durch Beeinflussung der Erdströme im Erdkern Erdbeben auslösen. Diese Hypothesen sind allerdings nicht bewiesen. Wir sind heute noch nicht imstande, eine Himmelskarte mit diesen Sonnenwinden aufzustellen. Wir können lediglich wieder einmal festhalten, wie wenig wir im Grunde wissen. Die interstellare Leere hat niemals existiert außer in der Phantasie der Gelehrten des 19. Jahrhunderts. Das All ist nicht leer, sondern wird von Strömungen und Kräften durchzogen, von denen wir noch kaum etwas wissen; die Sonnenwinde sind nur eine von vielen Erscheinungen im Weltraum.

Die Sonneneruptionen schicken uns nicht nur diese eigenartigen Winde, sondern verwandeln auch die Elemente. Diesen Vorgang hat man sehr sorgfältig untersucht. Beobachtungen besonders von Goldberg, Mohler und Müller haben ergeben, daß bei besonders heftigen Sonneneruptionen schwerer Wasserstoff entstehen kann.

Dieser verbindet sich mit anderen Atomkernen zu ziemlich schweren neuen Atomkernen. Man kann also die Sonne, besonders ihre Oberfläche und ihre Atmosphäre, als eine Plasmafabrik bezeichnen, in der in großen Mengen verschiedene chemische Elemente produziert werden. Es wäre für uns äußerst wichtig, genau zu wissen, wie diese Umwandlungen vor sich gehen, auch wenn wir niemals imstande sein werden, sie auf der Erde nachzuvollziehen.

Am Anfang war also das Plasma. Es füllte das gesamte Weltall; durch seine Kondensation entstanden die Himmelskörper, die sich zu Galaxien gruppierten. Allmählich verstehen die Astrophysiker, warum die Galaxien Spiralarme haben. Mit Hilfe der Radioastronomie konnte nachgewiesen werden, daß es wie einen Sonnenwind, so auch einen galaktischen Wind gibt. Plasmaströme drängen mit einer Geschwindigkeit von 50 Kilometern in der Sekunde vom Mittelpunkt der Galaxie nach außen. Dem australischen Radioastronomen Frank Kerr ist es gelungen, diese Strömung in der Nachbarschaft unserer Sonne zu entdecken; sie hat dort noch eine Geschwindigkeit von 7 Kilometern pro Sekunde. Die Menge des dergestalt emittierten Gases ist so groß, daß sie für die alljährliche Bildung einer neuen Sonne ausreichen würde. So entstehen wahrscheinlich auch die neuen Sterne in den Spiralarmen unserer Galaxie.

Der amerikanische Wissenschaftler Halton C. Arp, der auf Mount Palomar tätig ist, hat mathematisch nachgewiesen, daß das vom Zentrum der Galaxie ausströmende Plasma durch ein röhrenförmiges Magnetfeld zusammengehalten und zu den Spiralarmen hingelenkt wird.

Es gibt keine interstellare Leere: Das All ist vom Plasma erfüllt

Wie der Sonnenwind führt der galaktische Wind im Plasma eingeschlossene Magnetfelder mit sich. Diese Magnetfelder wiederum beeinflussen wohl die Ausbildung der Galaxien und ihre Verknüpfung. Es gibt ebensowenig eine intergalaktische Leere, wie es eine interplanetarische Leere gibt. Vielmehr ist der Raum von Plasma, Magnetismus, Schwerkraft und vielleicht noch von anderen Kräften erfüllt, von denen wir bis jetzt noch keine Ahnung haben.

Einige dieser Kräfte konnten experimentell auf der Erde beobachtet werden. So hat W. Bostick bei Plasmaversuchen im Vakuum gesehen, wie sich das Plasma zu Gebilden ordnete, die er als Plasmoide bezeichnet. Plasmoide sind Plasmawolken, die die Form von Spiralnebeln annehmen und bis etwa 50 cm lang sein können; ihr Durchmesser beträgt etwa 10 cm. Sie senden Licht aus, und man kann sie fotografieren. Die so erhaltenen Aufnahmen sind ungemein eindrucksvoll. Man sieht in einer Retorte ein Universum im kleinen. »Was oben ist, ist genauso wie das, was unten ist«, haben schon die Alchimisten gesagt.

Wenn die Wissenschaft zu verstehen beginnt, will sie auch beherrschen. Der vierte Aggregatzustand der Materie findet sich nicht nur in den interstellaren Räumen, sondern auch auf der Erde. Schon wird er von der Industrie genutzt, und diese Entwicklung wird rasch weitergehen. Die Anwendungsmöglichkeiten reichen von Unterbrechern für höchstgespannte elektrische Ströme bis zum Raketenantrieb, zur direkten Umwandlung von Wärme in elektrische Energie und zur Konstruktion von High-fidelity-Lautsprechern, um nur einige Beispiele zu nennen. Beinahe sieht es so aus, als ob sich hier schier unbegrenzte Möglichkeiten eröffnen.

Zwei ungarische Wissenschaftler, die Professoren K. Simonyi und M. Uszoky, wollen aus Plasma künstliche Sonnen schaffen. Eine solche Sonne soll einen Durchmesser von 1250 Metern, eine Innentemperatur von 100 Millionen Grad und einen Druck von 1000 Atmosphären aufweisen. Jede dieser Sonnen soll 3×10^{16} Watt abstrahlen. Sie sollen als künstliche Satelliten in eine Höhe von 20 000 Kilometern gebracht werden; ihre Geschwindigkeit soll so bemessen sein, daß sie über ein und demselben Punkt der Erdoberfläche stillzustehen scheinen. Würde man einen solchen Plasmoid über Sibirien oder die Antarktis bringen, würde dort ein tropisches Klima geschaffen, und man könnte viele hundert Millionen Menschen ansiedeln. Ist das lediglich eine Utopie? Wir wagen es nicht, den Möglichkeiten der Wissenschaft Grenzen zu setzen. Vielleicht wird das Plasma unseren Planeten mehr verändern als die Luftfahrt oder die Erschließung der Kernenergie.

Ein alles verschlingendes Feuer

Diese künstlichen Sonnen wären glühende Feuerbälle. Plasma kann die unterschiedlichsten Temperaturen haben. Das intergalaktische Plasma beispielsweise ist sehr kalt, andere Plasmamassen können Millionen oder Milliarden Grad heiß sein. Derartig heiße Materie kann kein Behälter aus irgendeiner uns bekannten Substanz aufnehmen. Dieses Problem erinnert an das Problem der alles auflösenden Säure der Alchimisten. Wie kann man ein Feuer aufbewahren, das alles verzehrt, womit es in Berührung kommt?

Man hat Versuche angestellt, das Plasma in »magnetischen Flaschen« einzuschließen. So nennen die Wissenschaftler einen unsichtbaren Behälter, dessen Wände von den Kraftlinien eines Magnetfeldes gebildet werden. Da diese Flasche nicht aus Materie besteht, kann sie auch nicht durch die Hitze verbrannt werden. Es ist in der Praxis allerdings außerordentlich schwierig, ein so dichtes Magnetfeld zu erzeugen, daß keine Materie im vierten Aggregatzustand nach außen entweichen kann.

Wenn von diesen Forschungsarbeiten die Rede ist, hört man immer wieder den Namen eines Franzosen namens Siegfried Klein.

Mein Freund Siegfried Klein ist mir sicherlich nicht böse, wenn ich ihn mit Thomas Alva Edison vergleiche. Wie bei dem großen Erfinder des vergangenen Jahrhunderts sind die von Klein erzielten Resultate nicht immer wissenschaftlich erklärbar. Sie sind, wenn auch höchst verblüffend, so doch leicht zu erreichen. Eine der erstaunlichsten seiner industriell genutzten Entdeckungen ist das »sprechende Plasma«. Dieses Gerät wird in Frankreich unter dem Namen Ionophone und in den Vereinigten Staaten unter der Bezeichnung Ionovac vertrieben. In Luft ausströmendes Plasma vibriert unter der Einwirkung eines elektrischen Kraftfelds und erzeugt so Töne, ohne daß irgendwelche metallischen Elemente vonnöten wären. Dies ist das einzige Gerät, das eine wirklich ganz und gar naturgetreue Tonwiedergabe ermöglicht. Noch ist das Phänomen theoretisch nicht völlig erhellt. Zumindest ist mir noch nichts davon bekannt. Mehrere bedeutende Physiker haben nachgewiesen, daß so etwas gar nicht möglich ist; nichtsdestoweniger ist das Gerät bereits im Handel. Das Ionophone beweist, daß sich das Plasma handhaben läßt und daß man mit ein wenig Ausdauer Dinge damit vollbringen kann, die von den Theoretikern als unmöglich erachtet wurden. An dieses Auseinanderklaffen von Theorie und Praxis werden wir uns im weiteren Verlauf dieses Beitrags noch öfter erinnern müssen.

Im Gegensatz zum Ionophone ist der Klein-Konverter noch nicht im Handel. Wenn er erst einmal serienreif ist, wird man Wärmekraftwerke ohne Dampfkessel, Turbinen und Generatoren errichten können. Beim heutigen Stand der Technik ist es erforderlich, zur Umwandlung von Wärmeenergie in elektrische Energie eine Flüssigkeit zum Sieden zu bringen, beispielsweise Wasser oder Quecksilber. Der Dampf setzt die Turbinen in Bewegung, die Turbinen treiben die Generatoren an, die Generatoren erzeugen den Strom. Dies ist im modernsten Atomunterseeboot ebenso wie in einem ganz gewöhnlichen Wärmekraftwerk, in dem Kohle verheizt wird.

Besonders unangebracht ist dieser verschlungene Weg beim Einsatz von Kernenergie. Eine erstrangige Energie wird zur Erzeugung von banaler Wärme gebraucht, um nicht zu sagen mißbraucht. Könnte man nicht Kernenergie oder Wärme direkt in Elektrizität umwandeln? Wenn man über diese Frage nachdenkt, fällt einem als erstes der thermoelektrische Effekt (Seebeck-Effekt) ein. Wenn man zwei Drähte aus verschiedenem Metall, beispielsweise aus Platin und Wolfram, an zwei Punkten zusammenlötet und eine der Lötstellen erwärmt, während man die andere bei Zimmertemperatur läßt oder kühlt, fließt von der wärmeren zur kälteren Lötstelle ein Strom. Auf diese Weise wird Wärme direkt in Elektrizität umgewandelt. Seit einem Jahrhundert bedient man sich des Seebeck-Effekts zu Temperaturmessungen. Natürlich hat man schon daran gedacht, diese Erscheinung industriell zur Stromerzeugung zu nutzen. Aber Metalle leiten nicht nur Elektrizität, sondern (in diesem Fall leider) auch die Wärme; die elektrische und die thermische Leitfähigkeit stehen in direktem Verhältnis zueinander. Deshalb sind solche thermoelektrischen Elemente nur wenig leistungsfähig und ergiebig. Um höhere Spannungen zu erhalten, muß man sehr viele Drähte miteinander verbinden, so daß ein schweres, unhandliches Gebilde entsteht. Wenn man statt Metallen Halbleiter verwendet, erzielt man etwas günstigere Ergebnisse. Dennoch liefert das leistungsfähigste thermoelektrische Element dieser Art, das man in Toulon gebaut hat, kaum mehr als 6 Watt pro Quadratmeter (übrigens werden die Lötstellen hierbei durch die Sonne erwärmt). Wenn man ein durch Kernenergie beheiztes Kraftwerk dieser Art bauen wollte, bräuchte man Thermoelemente mit einem Gewicht von mehreren Zehntausend Tonnen, und dennoch wäre die Leistungsabgabe nicht eben überwältigend. Siegfried Klein ist – wie die Amerikaner Lewis und Reiss – auf den Gedanken gekommen, einen der beiden Drähte des Thermoelements durch Plasma zu ersetzen. Derzeit wird das Gerät in den Laboratorien des französischen Kernenergie-Kommissariats entwickelt. Mit seiner Hilfe wird es möglich sein, die Wärme einer Flamme direkt in Elektrizität umzuwandeln. Wenn der Versuch gelingt und die Anlage genügend Leistung abgibt, wird man mit einem solchen Konverter ein Automobil, ein Flugzeug oder ein Kraftwerk mit jedem beliebigen Brennstoff antreiben können, einschließlich Torf und saisonale Brennstoffe wie Stroh. Mit jeder

Flamme kann man den Klein-Effekt erzielen, wenn man ein leicht verdampfendes Salz beigibt, das die Zahl der Ionen vergrößert. Meist verwendet man Pottasche. Auch die ionisierten Gase, die einen Kernreaktor verlassen, weisen den Klein-Effekt auf, und vielleicht wird es eines Tages möglich sein, Kernenergie direkt in elektrische Energie umzuwandeln.

Wenn es tatsächlich gelingt, den Klein-Effekt in einfachen, leistungsfähigen Anlagen zu nutzen, wird sich die Erfindung dieses Physikers als ebenso bedeutsam erweisen wie die Dampfmaschine oder der Elektromotor.

Kraftwerke ohne Turbinen

Der Klein-Effekt wurde im Verlauf von Experimenten entdeckt. Andere Forscher gehen von Theorien aus und entwickeln aus ihnen Pläne für Vorrichtungen, die Wärme in Elektrizität verwandeln. Beispielsweise ziehen sie den magnetohydrodynamischen Effekt heran. Die Magnetohydrodynamik, deren Pionier der Schwede H. Alfven war, gehört zu dem Dutzend neuer Wissenschaften, die aus der systematischen Erforschung des Plasmas entstanden sind. Alfven scheint als erster bemerkt zu haben, daß in einer neutralen, aber elektrisch geladenen Flüssigkeit, wie sie das Plasma darstellt, die magnetischen Erscheinungen notwendigerweise eine größere Bedeutung haben müssen als in einer gewöhnlichen strömenden Flüssigkeit wie beispielsweise Wasser. Die magnetohydrodynamische Theorie ließ schon bald erkennen, daß man mit Hilfe einer elektrisch geladenen, genügend schnell bewegten Flamme eine Maschine konstruieren kann, die dem Dynamo entspricht, eine Vorrichtung also, in der ein in einem Magnetfeld bewegter Leiter einen elektrischen Strom erzeugt, der sich ableiten läßt. Magnetohydrodynamische Forschungen wurden unverzüglich in den Vereinigten Staaten, in der Sowjetunion und in Frankreich aufgenommen. Ich habe bereits einige dieser Generatoren gesehen. Noch sind sie verhältnismäßig schwer; daß sie ein Automobil oder ein Flugzeug antreiben, kann man noch nicht von ihnen erwarten. Immerhin wäre es denkbar, daß sie in absehbarer Zeit die herkömmlichen Kraftwerke verdrängen. Es ist viel einfacher, Strom dadurch zu erzeugen, daß man Elektroden in ein Rohr bringt, in dem eine Flamme bewegt wird, als Wasser zum Kochen zu bringen, mit dem erzeugten Dampf eine Turbine anzutreiben und durch die Turbine einen Generator zu bewegen.

Noch ist der magnetohydrodynamische Generator nicht zur Serienreife entwickelt. Die Feuerfestigkeit der Materialien, die Stabilität und das thermische Gleichgewicht stellen noch Probleme. Sie werden gelöst werden, und es ist praktisch sicher, daß in einem Vierteljahrhundert die heutigen Wärmekraftwerke, in denen man Kohle oder Öl verheizt, durch magnetohydrodynamische Kraftwerke ersetzt sein werden, in denen Wärme ohne Heizkessel, Turbinen und Generatoren in Elektrizität umgesetzt wird.

Doch nun wollen wir einen solchen magnetohydrodynamischen Generator einmal andersherum laufen lassen, d. h. chemisch oder atomar erzeugte Wärme dazu benutzen, einem Plasmastrahl eine hohe Geschwindigkeit zu verleihen. Wird das Plasma durch die Düse einer Rakete ausgestoßen, so wird durch den Rückstoß die Rakete angetrieben. Damit hätten wir eine elektrische Rakete. Als erster hat der Deutsche Moeckel im Jahre 1959 einen entsprechenden Vorschlag gemacht. Bis heute ist allerdings die Schubkraft solcher Plasmaraketen noch recht gering. Doch für interplanetarische Flüge, beispielsweise zwischen der Erde und dem Mars oder der Venus, würde diese geringe Schubkraft ausreichen; viel wichtiger ist, daß sie über einen langen Zeitraum konstant bleibt. Eine Plasmarakete müßte zuerst mit den jetzt gebräuchlichen chemischen Raketen aus dem Schwerefeld der Erde gebracht und auf eine Bahn transportiert werden, die ungefähr der gewünschten Flugbahn entspricht; dann erst dürfte man die Plasmarakete zünden. Die entwickelte Schubkraft würde nur etwa ein Tausendstel der Schwere an der Erdoberfläche ausmachen, aber durch die konstante Beschleunigung würde man in 100 Tagen immerhin eine Geschwindigkeit von 80 Kilometern pro Sekunde erreichen. Und dann wäre die Rakete in der Nähe des Mars.

Als Energielieferanten für solche Raketen kommen entweder chemische Brennstoffe oder Sonnenbatterien in Frage. Eine Sonnenbatterie liefert theoretisch pro Quadratmeter 1,4 Kilowatt in Erdnähe, 2,65 kW in der Nähe der dichter an der Sonne befindlichen Venus und 0, 6 kW in der Nähe des Mars, der von der Sonne weiter entfernt ist als die Erde. Etwa 22 Prozent dieser verfügbaren Energie lassen sich in elektrischen Strom umwandeln. Es wäre durchaus denkbar, daß man eine Sonnenbatterie in Form eines mehrere tausend Quadratmeter großen Segels aus leichtem Gewebe konstruiert, das mit Photozellen bestückt ist und sich in der Nähe des angepeilten

Himmelskörpers voll entfaltet. Etwas Ähnliches hat man bereits mit dem Fernmeldesatelliten »Echo« realisiert, jenem reflektierenden Ballon, den die Amerikaner in eine Umlaufbahn um die Erde gebracht haben.

Ebenso scheint es möglich zu sein, Sonnenenergie oder jede andere elektrische Energie in einem sich um eine Achse drehenden Plasmastrahl zu speichern. Wahrscheinlich werden Sonnenbatterie, Plasmamotor und Akkumulator gemeinsam dem Menschen den Weg zu den Planeten eröffnen.

Eine Million Grad in einer Flasche

Leichte Atome können zu schwereren verschmelzen; so verschmelzen Wasserstoffisotopen zu Helium, wobei eine beträchtliche Energiemenge frei wird. Damit dies geschieht, sind extrem hohe Temperaturen (mehrere Hundertmillionen Grad) erforderlich. Eine solche Kernverschmelzung (Fusion) ist dem Menschen bis jetzt nur in der Wasserstoffbombe geglückt. Dabei geht folgendes vor sich: Durch eine 20-Megatonnen-Wasserstoffbombe wird eine Energie von 24 Milliarden kWh frei, also soviel Energie, wie in Frankreich in Form von elektrischem Strom in einem halben Jahr verbraucht wird. Diese ungeheure Energie ist während eines Sekundenbruchteils in einem Raum konzentriert, der nicht größer ist als der Raum, den ein Kleinauto einnimmt.

Wenn es eines Tages gelingt, diese Energie für friedliche Verwendungszwecke zu zähmen, werden alle Energieprobleme der Menschheit gelöst sein. Das Meerwasser enthält genügend Schweren Wasserstoff, um unseren Bedarf auf Jahrtausende hinaus zu dekken. Die einzige Möglichkeit, diese Energie zu gewinnen, besteht darin, ein Plasma zu erzeugen, das möglichst viele Atome des Schweren Wasserstoffs enthält, dieses Plasma auf 10 bis 100 Millionen Grad zu erhitzen und es in eine aus elektromagnetischen Kraftlinien gebildete »Flasche« einzuschließen, damit es nicht entweichen kann. Dies ist noch niemandem gelungen. Zumindest haben Versuche noch keine wirklich brauchbaren Resultate ergeben. Immerhin wissen die Fachleute aber, daß die Aussichten in dieser Beziehung gut sind; dies wurde ihnen auf dramatische Weise deutlich.

Im April 1956 begleitete der berühmte sowjetische Kernforscher Professor I. W. Kurtschatow die damaligen höchsten Repräsentanten der Sowjetunion, Bulganin und Chruschtschow, nach Großbritannien. Man erlaubte ihm, das Atomforschungszentrum Harwell zu besuchen. Er schlug vor, dort eine Konferenz abzuhalten. Seine Äußerungen anläßlich dieser Konferenz schlugen wie eine Bombe ein. Professor Kurtschatow ließ wissen, daß es den sowjetischen Wissenschaftlern gelungen sei, ohne Verwendung von Kernenergie Temperaturen von mehr als einer Million Grad zu erzeugen. Seinen vor Überraschung schier versteinerten ausländischen Kollegen verriet er, daß eine Gruppe von Forschern der Sowjetischen Akademie der Wissenschaften unter der Leitung von L. A. Artimowitsch, M. A. Leontowitsch, A. D. Sacharow und I. E. Tamm unvorstellbar hohe Temperaturen dadurch hätten erzeugen können, daß sie einen Strom von zwei Millionen Ampere durch ein Gas schickten. Wenn es sich bei diesem Gas um schweren Wasserstoff handelte, stellten sie fest, daß beim Stromdurchgang Röntgenstrahlen und Neutronen emittiert wurden. Natürlich ist daraus nicht zu schließen, daß auf diese Weise eine thermonukleare Kettenreaktion ausgelöst wurde; dann wäre der Behälter sofort explodiert. Aber immerhin war ein erster Schritt getan. Der sowjetische Wissenschaftler teilte mit, daß weitere Forschungen im Gang seien und einige Hoffnung auf Lösung dieses Problems bestünde.

Seit Kurtschatows Bericht ist eine Reihe von Jahren vergangen. Wissenschaftler und interessierte Laien haben in diesem Zeitraum ein ständiges Auf und Ab erlebt. Bald wurde verkündet, daß die Bezwingung des Plasmas unmittelbar bevorstünde, dann mußte man eingestehen, daß man das Plasma noch nicht im Griff hatte und es mehr Energie verschluckte als erzeugte. Die Pinchentladung, die zuerst den Sowjets und dann auch den Engländern in ihren ZETA-Anlagen gelang, ist nicht stabil. Wie eine wütende Feuerschlange stürzt sich das Plasma auf die Wandungen der »Flasche« und zerstört sie. Es gelingt bestenfalls für eine Tausendstelsekunde, das Plasma darin zu halten. Man hat deshalb andere Vorrichtungen entwickelt. Der Stallarator beispielsweise ist ein Magnetfeld, in das man das Plasma einschließt. Das Feld wird nicht durch eine Entladung im Plasma selbst erzeugt, sondern durch stromdurchflossene Leiter außerhalb des Plasmas. Mit dieser Vorrichtung konnten einige Ergebnisse erzielt werden. Aber merkwürdigerweise verschwindet das Plasma im Stallarator, ohne daß man erklären könnte, wie es sich in gewöhnliche Materie verwandelt. Noch ist das Problem einer friedlichen Nutzung der Fusionsenergie nicht gelöst. Ich glaube jedoch, daß die Annahme meines Freundes Charles-Noël Martin, die aus dem Plasma gewonnene thermonukleare Energie sei eine Sache von übermorgen, allzu pessimistisch ist; meines Erachtens werden wir sie schon morgen oder vielleicht gar noch heute nutzen können.

Durch die Entdeckung des vierten Aggregatzustands der Materie wurde nicht nur das Geheimnis der Materie im Weltall entschleiert, sondern auch die Ausbildung von Wissenschaften und Wissenschaftszweigen eingeleitet, die zahlreicher und hinsichtlich ihrer praktischen Anwendungsmöglichkeiten bedeutungsvoller sein werden als die auf den vorher bekannten drei Aggregatzuständen gründende Chemie und Physik. Wir stehen sowohl vor einer Revolution der Wissenschaft als auch vor einer technischen Revolution. Man wird Genaueres und mehr über die Struktur der Welt, über ihren Ursprung und ihre Entwicklungsgeschichte erfahren. Nach und nach werden unsere Industriegesellschaft und infolgedessen auch unser Alltagsleben verändert werden.

Vor kurzem wurde die Vermutung ausgesprochen, daß es überschweres Plasma mit bis zu 6×10^{38} Partikeln pro Kubikzentimeter gebe. Solches Plasma könnte im Inneren von Protosternen vorhanden sein, durch deren Explosion paarweise Galaxien aus Materie und Antimaterie entstehen. Zwischen dem intergalaktischen Plasma, bei dem nur eine einzige Partikel auf einen Kubikzentimeter kommt, und diesem überschweren Plasma gibt es eine fast unbegrenzte Skala von Dichtezuständen des Plasmas. Bis jetzt hat die Wissenschaft höchstens ein Hunderttausendstel dieser neuen Welt erforscht. Bis sie völlig erforscht ist, werden noch Jahrtausende vergehen. Aber der Durchbruch ist gelungen, und er hat in unserer Zeit stattgefunden.

Genetische Forschung in Gegenwart und Zukunft

Jacques Bergier

> »Wie ungeheuerlich ist dieser Samentropfen, aus dem wir entstanden sind, der in sich alle Eindrücke, nicht nur der leiblichen Gestalt, sondern der Gedanken und Neigungen unserer Vorfahren enthält. Wo bringt dieser Tropfen eine so unendliche Zahl von Formen unter?«
>
> Montaigne

Vom Menschen zum Übermenschen

Die Nobelpreise des Jahres 1962 haben eine Epoche in der jüngsten Menschheitsgeschichte deutlich werden lassen. Zwei der Preise, der den Engländern Max Perutz und John Kendrew zugesprochene Nobelpreis für Chemie, und der zwei weiteren Engländern, Francis Crick und Maurice Wilkins, sowie dem Amerikaner J. D. Watson zuerkannte Nobelpreis für Medizin, lassen erkennen, welche Bedeutung eine neue Wissenschaft erlangt hat – die Molekularbiologie. Vielleicht ist dies die wichtigste aller Wissenschaften, denn sie könnte uns eines Tages Kinder genau nach Wunsch bescheren, mit im voraus festgelegten körperlichen, geistigen und seelischen Eigenschaften, groß oder klein, musikalisch oder mathematisch begabt, hitzig oder bedächtig, sportlich oder still und kontemplativ.

Die Molekularbiologie eröffnet uns auch die Aussicht, daß wir eines Tages Kinder haben werden, die besser, klüger und fähiger sein werden als wir, daß es schließlich gelingen wird, durch eine kontrollierte Mutation eine bessere Menschheit zu schaffen – eine Art Übermensch im guten Sinne.

Allerdings darf nicht verschwiegen werden, daß diese Wissenschaft auch schreckliche Möglichkeiten birgt, von denen die Contergan-Tragödie nur eine schwache Vorstellung vermittelt. Wenn die Diktatur wieder zum Zuge käme, könnte ein zukünftiger Hitler spätere Generationen nach seinem Willen formen und damit seine Tyrannei verewigen. Bisher hat noch keine Wissenschaft eine so gefährliche Macht verliehen. Zum erstenmal wird es möglich sein, Körper und Geist unserer Nachkommen von innen her zu beeinflussen, zu verändern, zu formen.

Man kann 1936 als das Geburtsjahr der Molekularbiologie bezeichnen. In diesem Jahr kam der österreichische Student Max Perutz nach Großbritannien, um sich an Forschungsarbeiten zu beteiligen. Sein Vater gewährte ihm jährlich 500 Pfund Sterling für den Lebensunterhalt. Als Österreich von deutschen Truppen besetzt und dem Reich angeschlossen wurde, war Perutz von seiner Geldquelle abgeschnitten. Das englische Arbeitsministerium wollte ihn zunächst ausweisen. Perutz konnte sich später jedoch ein Stipendium der Rockefeller-Stiftung in Höhe von 275 Pfund sichern. Er hatte einen ehrgeizigen Plan gefaßt. Mit Hilfe von Röntgenstrahlen wollte er erforschen, wie die riesigen Moleküle der lebenden Substanz aufgebaut sind. Für ein derart gewaltiges Vorhaben waren seine Mittel allerdings sehr begrenzt; so brauchte er mehrere Jahre, bis er das Geld zur Beschaffung der für die Auswertung von Röntgenfilmen notwendigen Einrichtung zusammen hatte. Erst 1947 hatten sich Dr. Perutz und sein Assistent Dr. John Kendrew, mit dem er sich später den Nobelpreis teilen sollte, so etwas wie ein eigenes Laboratorium aufgebaut. Es befand sich in einem Schuppen auf einem staubigen Hof in Cambridge. Erst vor kurzem sind sie aus diesem Labor ausgezogen. Mit einer Ausrüstung, wie man sie in Science-fiction-Romanen mittellosen Gelehrten andichtet, gelang es ihnen, die Struktur des Myoglobins zu ergründen, eines komplexen Eiweißes, das sich in den Muskeln findet. Schließlich erwies sich das Myoglobin als eine Art von Knoten im Raum. Später konnte auch die Struktur des Hämoglobins erforscht werden, jener wichtigen Substanz in unserem Blut, die den Sauerstoff zu den Zellen und zum Gewebe befördert: es ist gleichsam ein vierfacher Knoten. Damit kannte man den räumlichen Aufbau der großen Moleküle der lebenden Substanz. Nach diesen Forschungsergebnissen faßte Dr. Perutz einen kühnen Plan. Er wollte ergründen, wie die Riesenmoleküle gebaut sind, die als Träger der Vererbung fungieren.

Eine tausendbändige Enzyklopädie in einem Spermienkopf

Die Genetik, die Wissenschaft von der Vererbung, war noch keine dreißig Jahre als, als Dr. Perutz und sein Assistent beschlossen, sich an die Entschleierung ihres größten Geheimnisses zu wagen. Schon vorher hatte man berechnet, daß die Informationsmenge, die zur vollständigen Beschreibung eines Neugeborenen notwendig ist, eine tausendbändige Enzyklopädie füllen würde – und doch ist diese

Informationsmenge im Kopf eines einzigen Spermiums enthalten. Man wußte bereits, daß bei der Befruchtung, wenn das Spermatozoon in das Ei eindringt und die Zellteilung beginnt, im Zellkern winzige Fäden auftauchen: die Chromosomen (so genannt, weil sie leicht Farbstoffe annehmen). Sie sind so winzig, daß erst mehrere Millionen so groß sind wie ein Sandkorn. In der menschlichen Zelle sind 46 Chromosomen enthalten. Seit einem Vierteljahrhundert wußte man auf Grund exakter Versuche, daß die Chromosomen die Träger der Vererbung sind. Genauer gesagt sind es die noch kleineren Gene, die die Chromosomen enthalten.

Man konnte feststellen, daß die Chromosomen im wesentlichen aus einer chemischen Verbindung bestehen, der Desoxyribonukleinsäure (DNS). Diese Säure transportiert die Informationen, die die Zellen des befruchteten Eies veranlassen, sich zu einem Lebewesen zu organisieren, einen Organismus zu bilden.

In welcher Form ist diese Information enthalten? Doktor Maurice Wilkins vom Londoner King's College kam auf den Gedanken, das DNS-Molekül nach der von Perutz und Kendrew publizierten Methode mit Hilfe von Röntgenstrahlen zu untersuchen. Nach einem einfachen Verfahren erzeugte er DNS-Fäden aus einer Lösung, wie man Kunstseide oder Nylon herstellt. Wilkins machte dann ausgezeichnete Röntgenaufnahmen, die aussehen wie abstrakte Gemälde aus Licht und Schatten. Durch geniale Hypothesen und geduldige Berechnungen gelang es ihm, die Struktur der DNS zu ermitteln.

Die Wendeltreppe des Lebens

Wilkins besprach seine Theorie mit zwei Wissenschaftlern von Cambridge, Francis Crick und James D. Watson. Nach langen Diskussionen gelangten sie zu der Überzeugung, daß das DNS-Molekül nicht knoten-, sondern wendeltreppenförmig ist, gleichsam eine Spirale bildet, deren Geländer aus Zucker (Desoxyribose) und etwas Phosphat aufgebaut ist, während die Treppen aus zwei organischen Basen bestehen, von denen die eine nur einen, die zweite zwei Benzolringe enthält. Die beiden jeweils eine Stufe bildenden Basen sind zwar fest mit dem Geländer verbunden, aber ihre Verbindung untereinander ist sehr schwach und kann leicht unterbrochen werden.

Wenn eine Zelle sich teilt, findet auch bei den Stufen dieser Wendeltreppe des Lebens eine Zweiteilung statt. Die Treppengeländer weichen auseinander und entnehmen den sie umgebenden Stoffen die Substanzen, die zum Aufbau einer neuen vollständigen Treppe benötigt werden.

Dies ist das wunderbar einfache, endlich entdeckte Geheimnis des Lebens. Als die Hypothese von Wilkins, Crick und Watson bekannt wurde, berechnete der große amerikanische Kernphysiker George Gamow, wie viele Möglichkeiten es gibt, wenn jede Stufe der Wendeltreppe aus zwei unterschiedlichen Basen gebaut ist, wobei er von der Gesamtheit der bekannten Basen ausging. Das war im Jahr 1955. Aus seinen Berechnungen ging hervor, daß die Eigenheiten eines Menschen, von den offensichtlichsten zu den verborgensten, in einer etliche hunderttausend Stufen enthaltenden Wendeltreppe unterzubringen waren. Experimentell wurde die Richtigkeit seiner Annahme bestätigt. Das DNS-Molekül eines sehr einfach gebauten Virus, des T-4-Virus, enthält etwa 200000 organische Basenpaare.

Nun begannen die Biologen zu ahnen, daß die Stufen der Wendeltreppe eine Art Code darstellen und daß jede organische Basenkombination die Erzeugung eines bestimmten Proteins in Gang bringen konnte. Anders gesagt: Der Code in der Spirale des Lebens bestimmte, wie eine Rose duften oder welche Farbe das Haar eines Neugeborenen haben würde.

Weitere Forschungen haben ergeben, daß sich das Leben nur vier Basen bedient: Adenin, Guanin, Cytosin und Thymin. Aus den vier Basen des genetischen Code bauen sich zwischen den beiden Geländern der Zauberspirale Informationen auf, die zur Ausbildung eines Virus oder eines Menschen, eines Flugsauriers oder eines Sperlings führen.

Es ist hier nicht der Ort, auf die Frage einzugehen, wie vor zwei oder drei Milliarden Jahren der erste genetische Code entstanden ist. War er lediglich das Ergebnis eines Zufalls? Oder das Werk Gottes? Auf ein Warum kann die Wissenschaft nicht antworten, nur auf das Wie.

Jedenfalls existiert die genetische Information. Wir werden sehen, daß sie so gut verschlüsselt und vor Entzifferungsfehlern geschützt ist, daß es sehr wirksamer Gifte (wie Thalidomid) oder sehr heftiger Einwirkungen (wie radioaktiver Strahlen) bedarf, um eine Fehlentwicklung zu verursachen und ein Ungeheuer entstehen zu lassen.

Noch können wir nicht selbst die genetischen Informationen in die Spirale des Lebens einschreiben, aber wir können bestimmten Zellen Informationen entleihen und sie auf andere Zellen übertragen. Das außergewöhnlichste Experiment dieser Art hat man in den Vereinigten Staaten durchgeführt.

In Nährlösung gebrachte Zellen menschlichen Ursprungs wurden von zwei amerikanischen Forschern umgewandelt. Sie haben eine genetische Eigenheit dieser Zellen dadurch modifiziert, daß sie sie mit Ribonukleinsäuren zusammenbrachten, die aus anderen in Nährlösung befindlichen menschlichen Zellen gewonnen wurden.

Damit ist es der Wissenschaft zum erstenmal gelungen, das menschliche Erbmaterial abzuwandeln. Bis dahin hatte man solche Versuche nur mit Bakterien und mit bestimmten Metazoen gewagt. Aus Bakterien gewonnene DNS hatte man »Empfängerbakterien« zugeführt, die auf diese Weise neue genetische Eigenschaften erhielten, Eigenschaften, die auch an die Nachkommenschaft weitergegeben wurden. Solche Mutationen sind deshalb von besonderem Interesse, weil die umgewandelten Bakterien in einer Umgebung zu wachsen vermochten, in der sie zuvor nicht hatten leben können.

Die amerikanischen Wissenschaftler haben hier einen Mechanismus entdeckt, der – neben der Reproduktion – imstande ist, die genetische Erbmasse einer Säugetierzelle, ja sogar einer menschlichen Zelle zu modifizieren. In ihrer Mitteilung an die »National Science Foundation« haben die Forscher den Verlauf ihres Experiments genau geschildert.

Wie konnte die DNS sich in den Zellkern der »Empfängerbakterien« einbauen? Darüber sagen die Amerikaner nichts; wahrscheinlich konnten sie diese Frage noch nicht klären. Doch schon solche Experimente grenzen an Wunder. Was wird erst sein, wenn wir eines Tages imstande sind, den genetischen Code nach Belieben zu manipulieren?

Kehren wir nun zur Entzifferung dieses Code zurück.

Die Geheimsprache des Lebens: Vier Buchstaben und zwanzig Wörter

Wie stellt sich uns das Problem dar? Um die Sache zu verdeutlichen, wollen wir einen Vergleich heranziehen. Nehmen wir einmal an, daß alle Lebewesen Büchern entsprechen; sie sind ebenso verschieden wie beispielsweise die Bibel von einem Unterhaltungsroman. Die Analogie gilt indessen nur, wenn wir stets daran denken, daß es zwar identische Bücher, aber niemals zwei völlig gleiche Lebewesen gibt.

Bücher werden mit Wörtern geschrieben. In der Geheimsprache des Lebens gibt es ein Äquivalent des Wortes, ein Molekül, das man Aminosäure nennt. Ebenso außergewöhnlich wie verwirrend ist die Tatsache, daß die Sprache des Lebens nur zwanzig Wörter kennt. Alle Proteine sind aus nur zwanzig Aminosäuren zusammengesetzt. Welches geheimnisvolle Gesetz hat unter allen möglichen Aminosäuren ausgerechnet diese zwanzig ausgesucht? Wir wissen es nicht.

Ein durchschnittliches Protein enthält 200 Aminosäuren, die den 20 vom Leben benutzten entsprechen. Alle Kombinationsmöglichkeiten dieser zwanzig Wörter, die ein Lebewesen von der Bakterie bis zum Menschen bestimmen, sind auf den aus anderen Basen (Adenin, Guanin, Cytosin und Thymin) gebildeten Stufen der Wendeltreppe eingezeichnet. Wir wollen die vier Basen der Stufen mit ihren Anfangsbuchstaben als A, G, C und T bezeichnen. Das Signal, das der Zelle befiehlt, diese oder jene Aminosäuren aufzubauen und danach dieses oder jenes Protein, setzt sich stets aus drei dieser vier Buchstaben zusammen: Es geht von drei Stufen der Spirale des Lebens aus. Träger dieses komplexen Signals ist ein einziges Gen; dieses enthält also eine chiffrierte Information von mindestens 200 Wörtern (denn aus so vielen Aminosäuren setzt sich im Durchschnitt ein Einzelmolekül zusammen). Die Zahl der Gene, die ein Virus aufbaut, kann von zehn bis zu mehreren Hundert reichen. Bakterien werden im Durchschnitt aus etwa tausend Genen aufgebaut. Ausgangspunkt einer menschlichen Zelle sind etwa eine Million Gene. Alle menschlichen Zellen, seien es Muskel- oder Nervenzellen, sind in den langgestreckten DNS-Molekülen verschlüsselt, in den 46 Chromosomen.

Wenn die DNS einer einzigen menschlichen Zelle zu einem Faden ausgezogen werden könnte, wäre dieser fast 33 Zentimeter lang. Dieser 33 Zentimeter lange Faden enthält genaue, oft wiederholte Informationen für den Bau eines jeden von uns. Er bildet sich, wenn das Spermatozoon in das Ei eindringt, und reproduziert sich viele Milliarden Mal, ehe ein Mann oder eine Frau herangereift ist.

Wenn man von den vier Buchstaben A, G, C und T jeweils nur drei kombiniert, erhält man, wie eine einfache Rechnung beweist, vierundsechzig verschiedene Verbindungen. Vierundsechzig Verbindungen, wo doch schon zwanzig genügen, um die zwanzig Aminosäuren des Lebens zu bilden. Für die Natur ist die Differenz zwischen zwanzig und vierundsechzig eine Art »Sicherheitsmarge«, die es ihr erlaubt, die Instruktionen so oft zu wiederholen, daß sie unfehlbar ausgeführt werden.

Eine Dechiffrierung des genetischen Code bedeutet die Signale kennen, die den verschiedenen Aminosäuren entsprechen. Hier ist deren vollständige Liste: Alanin, Arginin, Asparagin, Asparaginsäure, Cystein, Glutaminsäure, Glutamin, Glycin, Histidin, Isoleucin, Leucin, Lysin, Methionin, Phenylalanin, Prolin, Serin, Threonin, Tryptophan, Tyrosin, Valin.

Um den genetischen Code restlos entziffern zu können, müßte man also wissen, ob beispielsweise CCG dem Analin oder CGC dem Arginin entspricht. Erwähnt sei noch, daß es sich hier um Verbindungen handelt, von denen man annimmt, daß sie tatsächlich so zusammengesetzt sind.

Unser spärliches Wissen

Noch vor zwei Jahren sah es so aus, als ob die Entzifferung des genetischen Code die Möglichkeiten des menschlichen Geistes übersteige. Auch heute ist noch keine direkte Lösung verwirklicht: Sogar mit Hilfe des Elektronenmikroskops oder der Röntgenstrahlen kann man nicht lesen, was auf den Stufen der Spirale des Lebens geschrieben steht. Man muß sich auf Umwegen an das Problem heranmachen, muß untersuchen, was in der Zelle vorgeht. Dann bringt man eine bestimmte RNS ins Spiel und beobachtet, ob das entsprechende Protein den Vorausberechnungen entspricht.

Diesen Forschungen haben sich außer Watson, Wilkins und Crick, die die Richtung gewiesen haben, so viele Forscher gewidmet, daß sie hier namentlich nicht aufgezählt werden können. Herauszuheben ist Marshall W. Nirenbert, Leiter der Abteilung für biochemische Genetik am Amerikanischen Herz-Forschungsinstitut. Nirenbert ist es gelungen, Mikroben zur Produktion von Proteinen anzuregen, von denen man nicht nur genau weiß, aus welchen Aminosäuren sie bestehen, sondern auch, wie sie zusammengesetzt sind, d. h. wie die Aminosäuren in der Kette angeordnet sind, die das Proteinmolekül bildet. Ausgehend von eigenen Arbeiten und den Forschungen François Jacobs und Jacques Monods (beide Pasteur-Institut, Paris), ist es ihm durch Dekution gelungen, den Code zwar nur teilweise, aber höchst plausibel zu entziffern.

Diese Untersuchungen haben bis heute zu folgenden Ergebnissen geführt: Jeder von der Zelle erzeugten Aminosäure entspricht auf den Stufen der Wendeltreppe des Lebens ein aus drei Initialen bestehendes Signal (also drei der vier Basen, die insgesamt im Spiel sind). Die Signale werden nacheinander ausgesandt, also nicht kombiniert zu einem Quadrat oder Gitter oder nach einer der Strukturen, deren sich die menschliche Sprache bedient.

Auf den Stufen der Treppe gibt es aber auch Zeichen, die keiner zu fabrizierenden Aminosäure entsprechen. Crick ist der Ansicht, daß diese Signale nichts zu bedeuten haben. Nach Nirenbert bezeichnen sie den Anfang oder das Ende einer Information.

Man kann ein Element der Signale dadurch verändern, daß man zur Nahrung der Viren oder Bakterien Gifte gibt, etwa Akridine. Möglicherweise ist der dabei wirksame Mechanismus derselbe, der nach der Einnahme von Thalidomid zu Mißbildungen bei den Neugeborenen geführt hat; gesichert ist diese Vermutung allerdings noch nicht.

Durch solche Veränderungen ist es einer Gruppe von Cricks Mitarbeitern, Leslie Barnett, Sydney Brenner, Richard J. Watts-Tobin und Robert Shulman, gelungen, exakte Untersuchungen über das T-4-Virus anzustellen, das den Bazillus *Escherichia coli* befällt. In zwanzig Minuten ist das Bakterium aufgefressen, und es sind etwa hundert dem ursprünglichen Virus genau entsprechende Viren entstanden. Jedes dieser Viren besteht aus einer »Spirale des Lebens« mit rund 200000 Stufen und einer aus sechs verschiedenen Proteinen gebildeten schützenden Umhüllung. Jeder der Eiweißstoffe enthält die zwanzig fundamentalen Aminosäuren, aus denen wir alle aufgebaut sind. Die Struktur des T-4-Virus läßt sich durch Mutationen ziemlich leicht verändern; mutierte Viren lassen sich miteinander kreuzen. Die dadurch entstehenden Mutanten erzeugen andere Proteine als die ursprünglichen Viren. Daraus läßt sich ableiten, wie bei der Ausbildung der Schutzhülle des Virus der genetische Code wirksam wird. Wie wir noch sehen werden, ist dieser Code noch bei weitem nicht entschlüsselt, aber immerhin weiß man bereits verschiedenes mit Sicherheit. Die einzelnen Signale überlagern sich nicht, d. h., keine der vier Basen signalisiert gleichzeitig das Ende der einen und den Beginn der folgenden Information. Es gibt nur wenige bedeutungslose Signale, wohingegen das einer bestimmten Aminosäure entsprechende Signal sehr oft wiederholt wird.

Der Code scheint universell zu sein. Er findet sich ebenso beim Virus wie bei pflanzlichen oder tierischen Zellen, die man in Nährlösungen gezüchtet hat. Noch weiß der Genetiker nicht mit Bestimmtheit, ob die Abfolge der Initialen A, G, T und C in einem Signal eine Bedeutung hat. Man nimmt es jedoch an. So entspricht Asparagin zweifellos der Abfolge ACA, Glutamin der Kombination AAC und Threonin der Reihenfolge CAA.

Um die genetische Formel eines erwachsenen Menschen völlig aufzeichnen zu können, müßte man eine Million Gene entschlüsseln; dabei ist es bis jetzt noch nicht einmal gelungen, ein einziges Gen vollständig zu entziffern. Noch ist also eine ungeheure Aufgabe zu bewältigen. Diese Formel eines Menschen würde aus 600 Millionen Wörtern bestehen; sie ist einem 33 Zentimeter langen Chromosomenfaden eingeschrieben. In dieser Formel ist alles enthalten: Gehirn, Nervensystem, Psyche. Die Genetik weiß noch nicht, wie die verschiedenen Teile des Codes miteinander verbunden sind. Hingegen ist bekannt, wie die Information von den »Stufen des Lebens« jenen Elementen der Zelle mitgeteilt wird, die aus der Nahrung die Aminosäuren und Proteine aufbauen.

Der Informationsträger: RNS

Der Zellkern ist noch nicht so gründlich erforscht wie der Atomkern. Damit der Biologe wirklich verstehen kann, was sich hier abspielt, braucht er neue Instrumente, die noch zu erfinden sind. Man kann den Zellkern als eine Sonne betrachten, die von Satelliten umlagert ist, den Ribosomen. Diese Satelliten schwimmen in der Zellflüssigkeit, die den Kern umgibt, oder sie sitzen an der Innenseite der Zellmembran. Es sind winzige chemische Fabriken, vollautomatisiert in einem für uns unvorstellbaren Maße. Sie produzieren auf Kommando die kompliziertesten chemischen Verbindungen, die es gibt, die Proteine. Ihre Kommandos erhalten sie von einer »Informationssäure«, die der DNS ziemlich ähnlich ist. Lediglich das »Treppengeländer« ist aus einem anderen Zucker aufgebaut: Die Ribonukleinsäure (RNS) verwendet Ribose statt der Desoxyribose der DNS. Außerdem ist eine der Grundbasen der DNS, das Thymin, bei der RNS durch eine andere Base ersetzt, das Uracil. Die RNS wird von der DNS produziert, verläßt dann den Zellkern, gelangt durch die Zellflüssigkeit zu den Ribosomen und bringt dort die Eiweißsynthese in Gang. Man kann im Organismus diesen Vorgang Schritt für Schritt verfolgen.

Wenn man lebende Zellen mit Tonerde zerreibt, gewinnt man einen Zucker, der DNS, RNS, Ribosomen und andere chemische Verbindungen enthält; besondere Enzyme, organische Katalysatoren, die für die Synthesen notwendig sind. Wenn man diese Masse in eine Nährlösung mit Aminosäuren und die notwendige Energie liefernden Phosphorverbindungen gibt, produzieren die darin enthaltenen Ribosomen Proteine, als ob sie sich in einer Zelle befänden.

Nun kann man die Aminosäuren mit radioaktivem Kohlenstoff (C14)markieren. Dadurch läßt sich verfolgen, in welcher Ordnung sie im Verlauf der Synthese in die Eiweißmoleküle gelangen. Wenn man dem Gemisch RNS beigibt, die aus anderen Organismen stammt (beispielsweise RNS von einem Virus zu einem aus Bakterien gewonnenen Extrakt), verändert diese die gebildeten Eiweißstoffe. Wenn man synthetische RNS injiziert, kann man den Ribosomen Instruktionen geben, nach denen dann Aminosäuren aufgebaut werden. So gelingt es der Biologie nach und nach, das »genetische Wörterbuch« der Informationssäure zusammenzustellen. Die RNS ihrerseits ist von der DNS produziert worden und entspricht ihr, von den oben genannten Unterschieden abgesehen:

Geländer aus Ribose anstatt Desoxyribose;
auf den Stufen Uracil anstatt Thymin.

Ohne Schwierigkeiten kann man aus dem genetischen Code der Informationssäure den genetischen Code der DNS ableiten und erhält so das »genetische Wörterbuch« nicht nur der RNS, sondern auch der DNS.

Nach und nach gelingt es den Genetikern, den Code zu entschlüsseln; was sich dabei herausstellt, ist ziemlich erschreckend. Wenn beispielsweise ein einziges »Wort« in diesem Code abgeändert wird, entsteht ein von Geburt an unheilbar Kranker (ein bekanntes Beispiel ist die Bluterkrankheit oder Hämophilie).

Im Hämoglobin der an einer bestimmten Form von Anämie leidenden Menschen ist nur ein einziges »Wort« anders als im Hämoglobin Gesunder. Normales Hämoglobin enthält an einer bestimmten Stelle der Molekülkette Glutaminsäure, während sich dort bei dem an Anämie Leidenden Valin befindet. Glutaminsäure und Valin gehören zu den zwanzig Wörtern der »Sprache des Lebens«, zu den zwanzig Aminosäuren, die wir bereits aufgezählt haben. Drei Buchstaben im genetischen Ausgangscode, ein Wort im langen »Satz« des Hämoglobins anders als normal – und ein Leben ist zerstört.

Bis 1959 war die schreckliche Geißel des Mongolismus für die Wissenschaftler und Mediziner ein Rätsel. Der Mongolismus, so benannt, weil die darunter leidenden Kinder mongoloide Gesichtszüge haben, ist eine angeborene physische und psychische Entwicklungshemmung, die sich schon bei der Geburt zeigt. Die an Mongolismus Leidenden erreichen bestenfalls die geistige Entwicklungsstufe eines drei- oder vierjährigen Kindes. Von 700 Neugeborenen leidet eines an Mongolismus. Die Gesamtzahl dieser Unglücklichen muß auf der Erde etwa eine Million ausmachen. Französische Wissenschaftler, Professor Turpin und seine Mitarbeiter, Dr. Lejeune und Frau Dr. Gautier, haben entdeckt, daß der Mongolismus auf einer Chromosomenaberration beruht. Normalerweise enthält die menschliche Zelle 46 Chromosomen; in den Keimzellen sind es 23 Chromosomen, weil durch die Verschmelzung von Samenzelle und Ei die Zahl wieder auf 46 gebracht wird. Die Körperzellen der an Mongolismus Leidenden haben jedoch 47 Chromosomen. Wie bewirkt dieses 47. Chromosom den Mongolismus? Man weiß es noch nicht. Die Entdeckung der Chromosomenaberration hat noch nicht zur Entwicklung einer wirksamen Behandlungsmethode geführt.

Seit dieser von Wissenschaftlern in vielen Ländern bestätigten Entdeckung von Dr. Lejeune hat man zahlreiche Krankheiten oder Anomalien auf Chromosomenaberrationen zurückführen können, besonders das Turner-Syndrom, das bei Frauen Unfruchtbarkeit bewirkt. Dr. Lejeune hat beobachtet, daß diese Krankheit durch das Fehlen eines der beiden X-Chromosome in den Keimzellen der Frau bedingt ist. Bestimmte Deformationen der Wirbelsäule gehen auf eine ganz spezifische Chromosomenaberration zurück: Ein kleines Chromosom setzt sich auf einem anderen fest, das dadurch entartet; die Chromosomenzahl des Kranken beträgt nur noch 45.

Entstehung eines Lebewesens

Allmählich beginnen wir zu erkennen, wie wir entstehen. Eine geheimnisvolle Kraft sammelt längs der durch die Chromosomen gebildeten Schleifen Atome. Nachbildungen, Abbilder dieser Schleifen lösen sich, wandern zu den Ribosomen und befehlen ihnen, aus den durch die Nahrung aufgenommenen oder an Ort und Stelle aufgebauten Aminosäuren Proteine zu bilden. Die Proteine entstehen aus den Atomen und Molekülen der Aminosäuren und aus Energie, die gewöhnlich von phosphorhaltigen Molekülen geliefert wird – alle Eiweißstoffe, die der Nägel und Haare ebenso wie die des Gehirns. Die Aminosäuren werden durch RNS dirigiert, die sie so anordnet, daß das erforderliche Protein entsteht.

Es handelt sich hier um chemische Vorgänge von unvorstellbarer

Kompliziertheit. Jede einzelne Reaktion ist programmiert und gesteuert. Alles wird nach einem Urprogramm verwirklicht: die Haare, die Augen, unsere Intelligenz, unser Charakter. Vielleicht ist es uns später möglich, uns durch eine Willensanstrengung zu verändern, vielleicht werden wir durch unsere Umwelt verändert – aber was und wie wir bei unserer Geburt sind, ist mit 600 Millionen »Wörtern« auf einem 33 cm langen Chromosomenfaden aus DNS eingeschrieben. Um die Erbmasse verändern zu können, muß man diese Wörter kennen. Seit knapp zwanzig Jahren haben wir zumindest eine Ahnung davon. Noch können wir das Programm der Vererbung nicht so ablesen, wie wir ein Magnetband ablesen. Vielleicht wird es uns eines Tages gelingen, wenn, wie die französischen Forscher Sadron, Douzon und Polowsky und der Russe Blumenfeld glauben, die Säuren des genetischen Code magnetisch sind. Wenn man darüber endgültig Bescheid weiß, werden wir die genetischen Formeln aller Lebewesen auf Magnetbänder aufzeichnen können. Vielleicht werden wir dann ungeahnte Verwandtschaften entdecken – die Entwicklungsgeschichte wäre für uns kein Geheimnis mehr.

Wir werden dann wissen, warum die Krebszelle ein anderes genetisches Kapital hat als die gesunde Zelle, und vielleicht wird es uns gelingen, dieses Kapital so zu modifizieren, daß die von Krebs befallene Zelle wieder gesundet.

Kühne Aussichten: Änderung der Erbmasse

Schon ein solcher Weg der Krebsheilung käme einem Wunder gleich. Aber das wäre nur der Anfang. Es wäre denkbar, alles zu verwirklichen, was die Natur nicht geschaffen hat, weil sie keine Lust dazu hatte oder kein glücklicher Zufall Pate stand. Vielleicht wird man eines Tages den Keimzellen eines Pferdes Informationen aus Keimzellen eines Vogels einimpfen können, so daß Pferde mit Flügeln geboren werden. Auf diese Weise würde der Genetiker einen leibhaftigen Pegasus schaffen. Noch weit ausgefallenere Kombinationen wären denkbar, wie die Genetikerwitze zeigen: eine Kreuzung von Brieftaube und Papagei, damit man Nachrichten »mündlich« überliefern kann; eine Kreuzung von Fliege und Glühwürmchen, damit der Mensch auch im Dunkeln lästige Fliegen erschlagen kann; eine Kreuzung von Kuh und Giraffe, damit das Tier beim Nachbarn grasen, aber auf eigenem Grund und Boden gemolken werden kann.

Den Genetikern gelingt es möglicherweise, die Gene einer Pflanze so zu modifizieren, daß sie Aspirin produziert, oder in der Erbmasse einer Kuh Veränderungen durchzuführen, damit die Milch gleich Antibiotika enthält. Man wird Säugetiere schaffen, die in dünner Bergluft oder sogar auf anderen Planeten leben können. Diese Träumereien über die genetischen Möglichkeiten der Zukunft sind allerdings nur so lange amüsant, bis der Mensch sich erinnert, daß auch er aus Fleisch und Blut besteht und seinerseits modifiziert werden könnte.

Schon Einstein hat gesagt: »Ich glaube nicht an Erziehung. Jeder muß sein eigenes Vorbild sein, und sei dieses Vorbild noch so schrecklich.« Ein prophetischer, erschreckender Satz, denn wir stehen an der Schwelle einer Zeit, in der der Mensch den Menschen wird verändern können. Angesichts der Bewußtseinsstufe, auf der die Menschheit heute noch steht, ist zu befürchten, daß diese Veränderungen nicht hohen Idealen, sondern mediokren Zielen dienen werden. Es ist zu befürchten, daß Regierungen, die Männer brauchen, dafür sorgen werden, daß mehr Knaben als Mädchen geboren werden. Es ist zu befürchten, daß sie leicht beeinflußbare Sklaven produzieren werden. Es ist zu befürchten, daß man besonderen Wert auf die Produktion von Menschen legen wird, die gegen radioaktive Strahlungen gefeit sind, wenn die Molekularbiologie, die unendlich gefährlicher ist als die Kernphysik, keiner Kontrolle unterworfen wird. Noch nie wurde die Menschheit so sehr durch die Wissenschaft bedroht. Aber auch noch nie hat eine Wissenschaft der Menschheit so große Möglichkeiten eröffnet.

Die Entwicklung weiterführen

Die ersten grunzenden Prähominen konnten Sprache und Musik nicht vorhersehen. Ebensowenig wissen wir, was geschehen wird, wenn wir erst einmal den genetischen Code verstehen und ihn verändern können. Bei solchen Überlegungen denkt man zunächst daran, daß der Mensch selbst sich auf die nächsthöhere Entwicklungsstufe stellen, den Übermenschen schaffen wird. Bestimmte starke Gifte, radioaktive Strahlen und andere Ursachen, die wir noch nicht kennen, reißen die »Stufen« aus der Wendeltreppe des Lebens und setzen sie in anderer Ordnung wieder zusammen. Die meisten dieser Veränderungen entsprechen keiner Information des genetischen Code. Das durch Mutation geborene Lebewesen ist entweder überhaupt nicht lebensfähig oder steril. Es kommt jedoch manchmal vor, daß die Mutation von Bestand ist und das veränderte Lebewesen auf dem Weg alles Lebendigen ins Unendliche eine höhere Stufe betritt. So ist der Mensch aus dem Vormenschen entstanden.

Die Evolution des Lebendigen wird heute von keinem Wissenschaftler mehr geleugnet. Wie läßt sich diese Evolution von unfaßbarer Breite erklären? Lamarck glaubte an die Selbstveränderung organischer Strukturen durch ihren Gebrauch, an die Entwicklung der Organismen durch Anpassung an die Umwelt. Nach Darwin entstanden die Arten aus der individuellen Verschiedenheit, wobei die Geeignetsten im Kampf ums Dasein überleben (natürliche Auslese, Selektionstheorie). Beide Hypothesen sind mit dem, was wir heute über den Mechanismus der Vererbung wissen, nicht völlig zu vereinbaren. Die Genetiker neigen zu der Annahme, daß die mutagenen Kräfte in der Zeit der Entwicklung der lebenden Formen anders waren als heute.

Ist der Mensch der Höhepunkt der Entwicklung?

Womit standen diese Kräfte in Beziehung? Mit anderen Lebensbedingungen auf unserem Planeten? Mit anderen kosmischen Strahlungen? Wenn wir die Welt um uns und den Menschen selbst betrachten, haben wir den Eindruck, daß das Leben erstarrt, die Entwicklung zum Stillstand gekommen ist. Stellt der Mensch den Gipfel und Abschluß der Evolution dar? Oder kann er selbst den Übermenschen entstehen lassen? Wenn erst einmal der genetische Code entschlüsselt sein wird, kennt der Genetiker die Kombinationen, die der Intelligenz, der Ausgewogenheit des Nervensystems, der Widerstandskraft gegen hohe Beschleunigung (die für interplanetarische Flüge so wichtig ist) und sogar den parapsychologischen Fähigkeiten entsprechen. Aber die Weiterentwicklung dieser Eigenschaften bedeutet nur eine quantitative Verbesserung dessen, was der Mensch bereits besitzt. Um ein vom jetzigen Menschen qualitativ verschiedenes Lebewesen entstehen zu lassen, müßte man »Spiralen des Lebens« aus anderen »Buchstaben« als den vier des genetischen Code aufbauen. Man müßte andere Basen verwenden, andere Atomverbindungen als Adenin, Guanin, Cytosin und Thymin. Schon heute vermag die Chemie solche Basen zu Millionen synthetisch zu erzeugen. Aber wie läßt sich vorhersehen, ob die Einführung einer Base X in die Spirale zu Eigenschaften oder Fähigkeiten führen wird, die wir uns ebensowenig vorstellen können, wie sich ein Neandertaler einen Kernreaktor vorzustellen vermochte? Eine Lösung dieses Problems hat der amerikanische Science-fiction-Autor Jack Williamson in seinem Buch *»Die Drachenzähne«* vorgeschlagen. Mit ihr stößt er an die Grenze des menschlichen Vorstellungsvermögens. Und doch ist es meines Wissens die einzige Lösung, die bisher vorgebracht wurde. Williamson glaubt, daß der menschliche Geist direkt auf die Materie einwirken kann; er nennt diese Fähigkeit Psychokinese. Einige Parapsychologen wie Rhine und Thorwald behaupten, experimentell die Existenz einer solchen Fähigkeit nachgewiesen zu haben, aber ihre Ergebnisse sind nicht sehr überzeugend. Williamson läßt, was sein gutes Recht als Romanautor ist, seine Phantasie spielen. Er ist davon überzeugt, daß die Psychokinese das wirksamste Mittel zur Erzielung von Mutationen sein könnte. Seiner Meinung nach kann der menschliche Wille zusammen mit den Kräften des Unbewußten auf die Gene einwirken und die Moleküle so umordnen, daß eine Entwicklung zum Übermenschen hin eingeleitet wird. Allerdings ist durch nichts bewiesen, daß wir je über solche Eigenschaften verfügen werden. Wie wäre, wenn wir auf den gesicherten Grundlagen der Wissenschaft bleiben, eine Kontrolle über den genetischen Code denkbar? Eine wichtige Hilfe dabei ist die Mathematik.

Mit Hilfe der Mathematik

Die Mathematik wird uns dazu verhelfen, die in einer gegebenen genetischen Botschaft enthaltene Informationsmenge zu analysieren. Sie wird uns auch aufzeigen, wie sich eine genetische Botschaft so bereichern läßt, daß sie nicht nur komplexer, sondern auch schöner wird. Dann wird der Begriff der Schönheit in der Mathematik und besonders in der physikalisch angewandten Mathematik seine ganze Bedeutung erlangen. Jeder beliebige genetische Code ist eine Rohmasse, eine Gegebenheit, die analysiert werden kann. Man hat bereits mathematische Formeln entwickelt, die gestalterischer oder musikalischer Schönheit entsprechen. Durch eine Verbindung von menschlichem Geist und den Fähigkeiten großer Elektronenrechner wird man sicher Formeln finden, die genetischer Schönheit entsprechen. Dann wird man auf den genetischen Code so einwirken können, daß Lebewesen entstehen, die genetisch schöner sind als wir. Die ersten dieser neuen Lebewesen werden mit geistigen Fähigkeiten, die wir nicht besitzen und von denen wir nicht die mindeste Ahnung haben, die Fackel der Entwicklung wieder aufnehmen und den Aufstieg des Lebendigen ins Unendliche weiterführen.

Mensch und All

Jacques Bergier

Offiziell ist das Jahr 1963 für die Wissenschaftler das Jahr des genetischen Code und der Mars- und Venussonden gewesen. Es hat sich jedoch in dieser Zeit auf dem Gebiet der Wissenschaften auch etliches ereignet, das weniger im Blickpunkt der Öffentlichkeit stand und von dem die allgemeine Presse kaum Notiz genommen hat. Und doch sind diese Ereignisse von größter Bedeutung.

180 Millionen Jahre alte Mikro-Organismen

An erster Stelle ist die »Wiedererweckung« von Algen aus dem Paläozoikum zu erwähnen. Die TASS-Agentur hat ausführlich über die seltsamen Entdeckungen berichtet, die N. T. Tschudinow im Salzbergwerk von Beresniki im Ural gemacht hat. Man findet dort gewöhnliches Kochsalz, Magnesiumchlorid (aus dem man das für die Luftfahrt wichtige Metall gewinnt) und Kaliumchlorid (das zu Kunstdünger verarbeitet wird). Es handelt sich hier um Sedimente, die im Perm (Paläozoikum), also vor 250 Millionen Jahren, in einem Meer abgelagert wurden. Im Jahre 1956 begann Tschudinow mit der Untersuchung dieser Salze. Er verfolgte damit ein scharf umgrenztes Ziel. Er wollte herausbekommen, warum das Kochsalz farblos war, während die beiden anderen Salze verschiedene Färbungen aufwiesen. Die Untersuchung diente einem praktischen Zweck: Wenn man die Ursache der Färbung kannte, würde man leichter feststellen, mittels welcher Technik sich die verschiedenen Salze anreichern ließen.

Damals war man der Überzeugung, daß die Verfärbung durch Eisenoxide verursacht wurde, die von außen einsickerten. In der Tat ergaben Tschudinows erste Analysen, daß die Verunreinigungen der Salze viel Eisen enthielten. Aber auch andere Elemente waren vorhanden, vor allem Kohlenstoff. Im weiteren Verlauf seiner Untersuchungen stellte Tschudinow fest, daß die verfärbten Salze fast 1 Prozent organische Materie enthielten. Bei der Größe des Salzlagers bedeutete dies, daß es zu einigen 100 Millionen Tonnen aus organischer Materie aufgebaut war! Warum enthielten die kleinen farbigen Kristalle eine so große Menge organischer Stoffe?

Eines Tages bemerkte Tschudinow, daß sie in einer Salzlösung eine seltsame Verwandlung durchmachten. Sie öffneten sich und bildeten eine grüngelbe Substanz, in deren Innerem kleine grüne Kerne sichtbar wurden. Schließlich entwickelte sich eine regelrechte Knospe, aus der eine Art Alge entstand.

Tschudinow wiederholte nun das Experiment unzählige Male. Fast jedesmal erzielte er das gleiche Resultat. Die farbigen Kristalle verwandelten sich in lebendige Substanz. Er wandte sich zunächst an Wissenschaftler jener Region und später an Kapazitäten der Biologie und Paläontologie in Leningrad und Moskau. Alle stellten die gleiche Frage: Handelt es sich um alte oder junge Mikroorganismen? Um diese Frage zu lösen, gab es nur eine Möglichkeit, man mußte das Experiment sehr oft wiederholen und dabei jede Vorsorge treffen, daß keine Mikroorganismen aus der Umgebung eindringen konnten. Dies wurde getan.

Nach zahlreichen Versuchen mußten auch die kritischsten Fachleute eingestehen, daß es sich ganz offenbar um Lebenskeime handelte, die 250 Millionen Jahre lang geschlummert hatten.

In den letzten Jahren hat man ähnliche Entdeckungen gemacht. So ist es Dr. H. J. Dombrowski in Deutschland gelungen, Bakterien zu neuem Leben zu erwecken, die im Salzbergwerk Zechstein gefunden worden waren. Die Salzschichten wurden vor rund 180 Millionen Jahren abgelagert. Allerdings wurden durch die Experimente von Dombrowski und anderen Wissenschaftlern nur sehr wenige Mikroorganismen erfaßt. Die Untersuchungen von Tschudinow haben uns erstmals eine gewaltige Menge von schlummerndem Leben erschlossen, so daß durch zahllose Wiederholungen der Experimente jeder Irrtum ausgeschlossen werden kann. Zu bemerken ist, daß in Beresniki wie in Zechstein die Mikroorganismen von einer mehrere hundert Meter starken Sedimentschicht abgeschirmt sind, abgeschirmt gegen die zerstörerischen kosmischen Strahlen. Eine solche schützende Sedimentschicht ist von größter Bedeutung. Unter einer 200 oder 300 Meter dicken Schicht ist die Intensität der kosmischen Strahlen sehr gering.

Zu anderen Planetensystemen

Eine weitere außergewöhnliche Meldung kommt aus den Vereinigten Staaten. Sie betrifft die von Stanley Leinwoll auf Grund der Arbeiten von Roy Nelson entwickelte Technik zur Auffindung von Planeten, die andere Sonnen als die unsere umkreisen. Der Bericht darüber ist in der Aprilnummer des Jahrgangs 1963 der Zeitschrift *Analog* erschienen.

Kurz das Grundsätzliche dieser Entdeckung: Roy Nelson, Fernmeldespezialist der Radio Corporation of America, wies 1954 nach, daß die für den Nachrichtenverkehr so störenden Sonneneruptionen vor allem dann stattfinden, wenn die Planeten Jupiter und Saturn in bestimmter Konstellation zur Sonne stehen, besonders wenn sie mit der Sonne einen Winkel von 0, 90, 180 oder 270 Grad bilden. Statistische Untersuchungen haben in der Folgezeit ähnliche Auswirkungen bezüglich der Erde, der Venus und des Mars ergeben. Es handelt sich hier keineswegs um astrologische Spekulationen. Vielmehr besteht ganz einfach eine Periodizität, die durch die Planeten indiziert wird. Erklären läßt sie sich durch die Tendenz, das Winkelmoment beizubehalten. Die Störungen werden also durch die Gravitation der Planeten bewirkt, von der die Sonne beeinflußt wird. Leinwoll kam auf den Gedanken, andere Sonnen außerhalb unseres Sonnensystems daraufhin zu untersuchen, ob sich dort ähnliche Störungen, d. h. Eruptionen, nachweisen lassen. Wenn es solche Eruptionen gibt, liegt der Schluß nahe, daß die betreffenden Sonnen von Planeten umkreist werden. Durch eine Verfeinerung der Methode konnte sogar die Existenz von kleinen Planeten festgestellt werden, die nicht größer sind als Erde, Mars oder Venus. Nach Leinwoll gibt es in unserer Galaxie zehn Milliarden bewohnte Planeten. Die Radioastronomen sind dabei, durch Beobachtung und Analyse mittels der Leinwoll-Methode den Stern Tau Zeti zu untersuchen, einen 11 Lichtjahre von uns entfernten Stern 4. Größe, der wahrscheinlich von Planeten umgeben ist. Man hofft, in kurzer Zeit Endgültiges zu wissen.

Der Platz des Menschen im All

Die Arbeiten des Russen Tschudinow und des Amerikaners Leinwoll, die Erforschung des genetischen Code und die Vorstöße des Menschen ins Weltall – sie alle haben eines gemeinsam. Sie gehen von den gleichen Fragen aus: Woher kommt das Leben? Wann ist es entstanden? Wann wird es aufhören? Diese Fragen haben Menschen zu allen Zeiten gestellt. In unserer Zeit, da uns die Entwicklung von Wissenschaft und Technik die Aussicht eröffnet, daß sie einmal beantwortet werden können, sind sie noch brennender geworden. Hinter dem Bestreben, zu erkunden, ob auch andere

Sonnen von Planeten umkreist werden, verbirgt sich die Frage, ob diese Planeten eines Tages Formen des Lebens beherbergen könnten. Die wichtigste Frage unserer Zeit gilt dem Platz des Menschen – oder vielmehr seiner Intelligenz – im Schoß des Universums. Deshalb gehört zu den bedeutsamen wissenschaftlichen Erfolgen der letzten Jahre die Entdeckung von Mikroorganismen in Karbonmeteoriten, die den Amerikanern Claus und Nagy gelungen ist. Die Arbeiten der Russen in den Salzminen haben deshalb so großes Interesse gefunden, weil sie wieder einmal beweisen, wie widerstandsfähig und ausdauernd das Leben ist.

Leben aus der Retorte

Jacques Bergier

»Von einigen Experimenten auf dem Herd ausgehend, hat das Chemiker-Geschlecht eine ganz phantastische Philosophie aufgebaut.«

Francis Bacon

Das größte Abenteuer der Wissenschaft

Die moderne Wissenschaft hat sich darangemacht, unbelebte Materie zum Leben zu erwecken, synthetisch Leben zu erzeugen. Wenn man von diesem kühnen Abenteuer der Wissenschaft spricht, muß zunächst klargemacht werden, daß es sich hierbei um Leben handelt, wie wir es auf unserem Planeten kennen, also um Lebewesen, die aus Zellen aufgebaut sind. Die an vielen Orten intensiv durchgeführten Forschungen haben ein ganz präzises Ziel: Man will auf synthetischem Wege lebende Zellen gewinnen. Zunächst denkt man nicht im mindesten daran, Mikroben oder gar Kaninchen, Affen oder Menschen zu fabrizieren. Wenn es erst einmal gelungen ist, eine lebende Zelle aufzubauen, bedarf es wahrscheinlich einer 3 Milliarden Jahre umspannenden Entwicklung, um vom einzelligen Lebewesen zum Menschen zu gelangen. Aber schon die Schaffung einer Zelle wäre ein äußerst bedeutsamer Meilenstein in der Geschichte der organischen Chemie.

Die Schwierigkeiten des Unterfangens sind gewaltig, und doch scheinen sie geringer zu sein, als man noch vor zehn Jahren annehmen mußte. Vermutlich genügt es, die im Inneren der Zelle befindlichen Nukleinsäuren aufzubauen und sie in eine geeignete Umgebung zu bringen, um die Zellbildung einzuleiten. Diese Umgebung müßte der irdischen Atmosphäre vor drei Milliarden Jahren entsprechen. Wie die Atmosphäre damals beschaffen war, können die Wissenschaftler nur mutmaßen. Man nimmt an, daß sie aus Methan, Ammoniak und Wasserdampf bestand. Freien Sauerstoff oder Stickstoff hat es damals noch nicht gegeben.

In einer solchen künstlich hergestellten Atmosphäre wollen Wissenschaftler derzeit Leben erzeugen. Sie hoffen, daß es ihnen gelingt, Kernsäuren herzustellen, die denen im Zellkern zumindest sehr ähnlich sind. Diese Kernsäuren haben die Eigenschaft, sich zu vermehren; vor allem aber organisieren sie die sie umgebende Materie.

Um zu einer solchen Synthese zu gelangen, haben die Forscher elektrische Entladungen, Strahlen und chemische Katalysatoren benutzt. Der Zufall spielt dabei eine sehr große Rolle. Niemals war bislang das Abenteuer der Wissenschaft in so hohem Maße poetisch. Niemals wurde der Phantasie ein so großer Platz eingeräumt, galten Intuition und Wagemut so viel. Und noch dürfen die Wissenschaftler, die nach den noch unbekannten Ursprüngen des Lebens forschen, niemals die Gegebenheiten der Realität aus den Augen verlieren. Sie wissen nicht genau, welche Faktoren bei dem Ursprung oder den Ursprüngen des Lebens auf unserem Planeten eine Rolle gespielt haben. Wahrscheinlich wird man das auch niemals wissen.

Die Erdatmosphäre vor der Entstehung des Lebens

Man bräuchte nur einen einzigen Weg zu finden, um von den äußerst einfachen anorganischen Wasser-, Methan- und Ammoniakmolekülen zu den spiralförmigen organischen Riesenmolekülen der RNS und der DNS zu gelangen. Die normale organische Chemie scheint solche Synthesen nicht bewerkstelligen zu können. Deshalb hat man neue Möglichkeiten ausprobiert. Wir werden einige der geglückten Experimente kurz beschreiben.

Als Student an der Columbia University hatte Stanley Miller den genialen Einfall, durch ein Gemisch aus Ammoniak, Wasserstoff, Wasserdampf und Methan einen hochfrequenten Strom von 60000 Volt zu schicken. Er bediente sich einfacher Geräte, mit denen man schon im 19. Jahrhundert den Versuch hätte durchführen können. Nur war damals niemand auf den Gedanken gekommen.

Nach der Entladung war das Gemisch verändert. Je nach den Versuchsbedingungen hatten sich zwischen 3 und 15 Prozent des Gemischs in komplizierte organische Verbindungen verwandelt, deren Namen wir hier aufzählen wollen, denn sie bezeichnen einen wichtigen Sieg der modernen Chemie: Glyzin, Alanin, Glutaminsäure, Sarkosin, Beta-Alanin, Alpha-Amino-Butylsäure, N-Methylalanin, Asparaginsäure, Aminodiazetinsäure, Aminoazetoproprioninsäure, Ameisensäure, Acetonsäure, Proprioninsäure, Glukolsäure, Milchsäure, Alpha-Hydrobutylsäure, Succinsäure, Harnsäure, Methylharnsäure.

Alle diese chemischen Verbindungen sind organischer Natur, werden also gewöhnlich von lebenden Organismen erzeugt. Einige von ihnen kann man schon seit geraumer Zeit synthetisch herstellen, so die Harnsäure und die Ameisensäure, aber andere, besonders Glyzin und Alanin, sind komplexe organische Stoffwechselprodukte. Wie Pasteur es im vergangenen Jahrhundert erleben mußte, machten auch Millers Kollegen alle nur denkbaren Einwände. Man führte ins Feld, daß Lebendiges nur von Lebendigem erzeugt werden könne, und das gelte auch für bestimmte komplexe organische Verbindungen; also müßten die bei den Versuchen entstandenen organischen Verbindungen durch Mikroorganismen erzeugt worden sein. Miller sterilisierte seine Apparatur 18 Stunden lang bei 130° C und wiederholte dann seinen Versuch. Er gelangte zu den gleichen Resultaten. Heute zweifelt niemand mehr an der Richtigkeit seiner Behauptungen: Durch massive elektrische Entladungen können aus elementaren Gasen Aminosäuren aufgebaut werden. Andere Reaktionen, die noch des Beweises bedürfen, aber bereits erforscht werden, wie wir sehen werden, ermöglichen den Aufbau von Kernsäuren und Aminosäuren.

Wenn sich der Wasserstoff verflüchtigt

Dr. Cyril Ponnamperuma stammt aus Ceylon; heute arbeitet er im berühmten Lawrence Laboratory in der University of California. Im Juni 1963 beschoß er eine künstliche »Ur-Atmosphäre« aus Methan, Ammoniak und Wasserdampf mit schnellen Elektronen für einen Zeitraum von 45 Minuten. Das Resultat übertraf alle Erwartungen des Wissenschaftlers. Unter den Endprodukten befand sich eine ganze »Stufe« der »Wendeltreppe des Lebens«, das Adenin.

Dies ist die komplexeste Verbindung, die man bislang im Laboratorium hat herstellen können. Diese Errungenschaft berechtigt zu großen Hoffnungen. Wenn es möglich ist, eine der Stufen der »Spirale des Lebens« synthetisch zu erzeugen, warum sollte man dann nicht auch die drei anderen Stufen und schließlich die ganze Chromosomenspirale künstlich produzieren können?

Der ceylonesische Wissenschaftler überprüfte sein Experiment mit großer Sorgfalt und veränderte die Versuchsbedingungen. Er stellte fest, daß merklich weniger Adenin gebildet wurde, wenn man dem Ausgangsgemisch Wasserstoff beigab. Daraus läßt sich schließen, daß das Leben auf der Erde erst erscheinen konnte, nachdem der Wasserstoff, einer der Hauptbestandteile der Ur-Atmosphäre, sich in den interplanetarischen Raum verflüchtigt hatte. Wasserstoff kann vom Schwerefeld der Erde nicht festgehalten werden, denn für ein so leichtes Gas ist die Schwerkraft zu gering; also entfernte sich der Wasserstoff von unserem Planeten. In der Folgezeit ist vermutlich unter der Einwirkung kosmischer und solarer Strahlen das Leben entstanden, unter Bedingungen, wie Miller und Ponnamperuma sie im kleinen rekonstruiert haben.

Das Wissen der Alchimisten

Die zweite sensationelle Nachricht ging vor einigen Jahren um die Welt. Professor Gerhard Schramm ist ein bekannter deutscher Biochemiker, der am Max-Planck-Institut in Tübingen tätig ist. Auch er hat versucht, das Geheimnis des Lebens zu ergründen, allerdings ohne Elektronenbombardement. Er stellte eine Mischung her, die Aminosäuren und Saccharide enthielt. In Übereinstimmung mit der alten hermetischen Tradition und den Ideen des Paracelsus fügte er der Mischung Phosphor bei, jenes Element, von dem die Alchimisten glaubten, daß es das Geheimnis des Lebens berge. Schramm nahm allerdings nicht reinen Phosphor, sondern ein organisches Polyphosphat, ein Gemisch aus linearen und zyklischen Äthern der Phosphorsäure. Als er das Gemisch auf etwa 60 Grad erwärmte, erhielt er chemische Verbindungen mit einem Molekulargewicht bis zu 50000! Wasser hat das Molekulargewicht 18, das von DNS und RNS liegt vermutlich in der Größenordnung von einer Million. Außerdem verhielten sich die von Schramm gewonnenen Säuren wie echte Kernsäuren. Wenn man sie unter dem Elektronenmikroskop betrachtet, erkennt man Spiralen und an ein Tau erinnernde Strukturen. Gleichzeitig erlebte der Wissenschaftler, wie Saccharide mit einem Molekulargewicht bis 40000 entstanden, die den in den DNS- und RNS-Spiralen existierenden Sacchariden sehr ähnlich sind. Schramms Nukleinsäuren bestehen aus bis zu 150 »Kettengliedern«. Unter dem Elektronenmikroskop ist ihre Ähnlichkeit mit DNS und RNS verblüffend. Gewiß haben sie nur 150 »Glieder«, aber das Tabakvirus hat schließlich auch nur deren 6000. Der Unterschied ist also gar nicht so groß.

Die Kette des Lebens

Schon die Alchimisten wußten, daß man, um dem Geheimnis des Lebens näherzukommen und von den Aminosäuren zu Nukleinsäuren zu gelangen, Phosphor braucht. Wie waren sie in den Besitz dieses Schlüssels zur Welt des Lebendigen gekommen? Auf diese Frage wissen wir bislang keine Antwort. Wir sind der Meinung, daß man vielleicht eines Tages in der Alchimie Spuren einer uralten Kultur entdecken wird.

Das Molekulargewicht der kleinsten Viren bewegt sich in der Größenordnung von zehn Millionen. Um von Methan, Ammoniak und Wasser dahin zu gelangen, ist vielleicht der folgende Weg einzuschlagen:

Erste Stufe: Unter der Einwirkung elektrischer Entladungen, eines Elektronenbombardements oder geeigneter Strahlungen bilden sich Aminosäuren.

Zweite Stufe: Mit Polyphosphaten als Katalysatoren wandelt man die Aminosäuren in Nukleinsäuren um.

Dritte Stufe: Mit noch zu findenden geeigneten Katalysatoren läßt man die spiralförmigen Moleküle der Nukleinsäuren eine Nährlösung bilden, in der ein Virus entstehen kann. Das erste auf diese Weise gebildete Virus wird vermutlich anders sein als die Viren, die wir kennen. Man muß alle Lebewesen, besonders die Menschen, vor jedem Kontakt mit diesem Virus schützen, denn es könnte eine neue Krankheit erzeugen, gegen die wir noch nicht immunisiert sind. Andererseits kann man hoffen, daß sich unter den künstlich erzeugten Viren eines oder mehrere finden, die für Krebszellen, nicht aber für normale Zellen gefährlich sind. In diesem Fall hätte die Synthese des Lebens unmittelbar zum Fortschritt der Medizin beigetragen. Aber weit bedeutsamer als alle praktischen Folgerungen einer solchen gelungenen Synthese wären die theoretischen Konsequenzen.

Leben erzeugen, um es zu verstehen

Zahlreiche Aspekte des Lebens lassen sich nicht analysieren. Nur durch eine Synthese wird es uns gelingen, die spezifischen Eigenheiten der Zelle zu ergründen. Im Inneren der Zelle laufen chemische und physikalische Vorgänge anders ab als außerhalb. Das Leben bedient sich der Katalyse auf eine sehr einfallsreiche Weise, die sich von der Katalyse in der Chemie grundlegend unterscheidet.

Wahrscheinlich hat es viele Millionen Jahre gedauert, bis eine solche Vollkommenheit erreicht war. Professor J. D. Bernal, der am Birbeck College (Universität London) Kristallographie lehrt, formuliert es so: »Solange es nur kleine, durch die Kondensation von Kohlensäuregas und Ammoniak gebildete Moleküle gab, konnte nichts existieren, was einem individualisierten Organismus gleicht; bestenfalls gab es kleine Zonen, in denen die Zusammensetzung ein wenig konstanter blieb und in denen während einer bestimmten Zeit ein Stoffwechsel stattfand, aber das glich eher kaltem Licht als den Organismen, wie wir sie heute kennen. Alle diese subvitalen Einheiten waren sich wohl ziemlich ähnlich, wenn auch nicht gleich; wahrscheinlich hatten sie nur schwach ausgebildete, variable Begrenzungen und konnten im allgemeinen ohne weiteres miteinander verschmelzen oder sich mischen. Wenn zwei von ihnen nicht kompatibel waren, wurde eine (oder beide) vernichtet; waren sie jedoch kompatibel, erweiterte sich infolge der Verschmelzung der Spielraum ihrer biochemischen Aktivitäten. Nach und nach mußte dies durch eine Art von natürlicher Auslese zu einer Funktionsverbesserung und zu einer Einheitlichkeit innerhalb der Regionen führen, in denen der Austausch möglich war und die – etwa im Fall bestimmter großer Sümpfe – eine Fläche von mehreren Quadratkilometern bedecken konnten.«

Das künstliche, im Laboratorium erzeugte Leben wird über diese Phase des kalten Lichtes hinausgehen und direkt zur Stufe des Virus oder sogar der kleinen Bakterien gelangen. Man wird die Umwandlung Schritt für Schritt verfolgen und dadurch verstehen können, wie diese Organisation vor sich geht.

Wenn es soweit ist, wird, um zur Praxis zurückzukehren, die Industrie aus Luft Saccharide und Fette aufbauen können. Damit wäre das Problem des Hungers auf der Welt gelöst. Noch aufregender aber wäre die künstliche Synthese von Leben im Laboratorium auf rein geistiger Ebene.

Man nimmt an, daß es den synthetisch erzeugten DN- und RN-Säuren irgendwie gelingen wird, aus einer geeigneten Nährlösung die Elemente einer Zelle zu entnehmen, mit der sie sich umgeben, und vor allem eine Zellmembran, die jede Zelle von der Außenwelt abschließt. Natürlich handelt es sich hier um eine unbewiesene und noch unbeweisbare Annahme, aber alle Wissenschaftler haben sich ihr angeschlossen. Wie allerdings sich dieses Wunder im einzelnen vollziehen wird, davon hat noch kein Mensch auch nur die geringste Ahnung. Man gibt also damit zu, daß das künstlich erzeugte – wie auch das natürliche – Leben von vornherein all unserem Wissen überlegen sein wird. Sicher ist nur, daß die Fragen, die man dann stellen, und die Antworten, die man geben wird, eine Reihe dicker Bücher füllen werden.

Rückkehr zu Louis Pasteur

Um die Mitte unseres Jahrhunderts noch hätten wohl alle Chemiker, wenn die Rede auf die synthetische Erzeugung von Leben gekommen wäre, rundheraus erklärt, eine solche Synthese ließe sich aus Gründen der Symmetrie nicht verwirklichen. Pasteur hatte nachgewiesen, daß die synthetisch erzeugten chemischen Substanzen meist optisch doppelaktiv sind, d. h. ein Gemisch von zwei Substanzen, von denen die eine die Polarisationsebene des Lichts nach rechts, die andere nach links dreht. Die vom Leben erzeugten Substanzen hingegen sind optisch aktiv, drehen also die Polarisationsebene nur nach links oder nach rechts. Zur Zeit Pasteurs und noch lange danach gab es keine Möglichkeit, eine optisch doppelaktive Substanz in zwei optisch aktive Bestandteile zu trennen.

Pasteur war der Ansicht, eine solche Trennung sei göttliches Privileg, dem Menschen würde sie niemals beschieden sein, wenn er nicht mit der Hand Kristalle unter dem Mikroskop spalte, was wiederum einen Eingriff des Lebens bedeute. Später entwickelte man ein Trennverfahren, indem man den einen der Bestandteile durch eine bestimmte Mikrobenart auffressen ließ. Auch hier trat wieder das Leben in Aktion. Heute ist man der Meinung, daß die Schwierigkeiten nicht so unüberwindlich sind, wie Pasteur und seine Nachfolger glaubten. Man hat asymmetrische Substanzen erzeugen können, ohne daß das Leben eingreifen mußte. Die Sonnenkorona und der Mond senden polarisiertes Licht zu uns, dessen Millionen von Jahren dauernde Einwirkung zur Ausbildung von polarisierten Substanzen führte. Auch das Magnetfeld der Erde spielt bei dieser Polarisation eine Rolle. Wenn es dem Chemiker gelingt, optisch doppelaktive Substanzen zu erzeugen, wird er auch imstande sein, durch ausreichend starkes polarisiertes Licht die für das Leben notwendige Asymmetrie zu schaffen.

Im Jahre 1945 gelang es Tenney und Ackerman, mit Hilfe von zirkulär polarisiertem Licht eine optisch aktive Weinsäure zu gewinnen. 1953 hat der Franzose Darmois eine allgemeine Methode vorgeschlagen, die es ermöglicht, durch sukzessive Kristallisation ein optisch doppelaktives Gemisch in seine beiden optisch aktiven Bestandteile zu zerlegen. Pasteurs Einwand gilt also heute nicht mehr.

Leben in der Gegenwelt

Indessen stellt sich uns ein hochinteressantes Problem. Wenn man synthetisch ein Virus erzeugt und es dann zum Leben erweckt, indem man es in zwei Teile trennt, die gleichsam Bild und Spiegelbild sind, hat man genaugenommen nicht ein, sondern zwei Leben erzeugt: ein Leben vom irdischen Typ und ein Leben, das das Gegenbild des irdischen Lebens in der Welt hinter dem Spiegel ist, das vielleicht anderswo existiert, in einer Gegenwelt.

Die Chinesen Lee und Yang haben vor kurzem durch Experimente mit Elementarteilchen nachgewiesen, daß der Raum in unserer Region des Alls nicht symmetrisch ist und daß die kleinsten Materieteilchen die Tendenz haben, sich in einer bestimmten Richtung um sich selbst zu drehen. Man bezeichnet dieses Phänomen als die Ungültigkeit des Paritätsgesetzes. Noch weiß man nicht, wie es sich mit der für lebende Materie wesentlichen Symmetrie verknüpfen läßt, aber wenn es ein anderes Universum gibt, ist das Leben dort vermutlich entgegengesetzt zu dem Leben in unserer Welt ausgerichtet.

Es besteht also die Möglichkeit, daß durch die chemische Synthese gleichzeitig zwei Arten von Leben entstehen, zwei Arten von Viren oder Mikroben. Die eine entspricht unserer Region des Universums, die zweite entspricht dem Leben in der Gegenwelt. Diese zweite Art von Leben müßte vermutlich mit asymmetrischen Produkten ernährt werden, die man speziell dafür herstellen müßte. Vielleicht wird auf diese Weise das Problem der Symmetrie ein wenig erhellt werden.

Dieses Problem interessierte Curie mehr als die Radioaktivität, Pasteur fand es interessanter als die Mikroben. Die auf Chemie und Biologie angewandte Geometrie führt zu recht eigenartigen Ergebnissen. Wenn man das Objekt in einer vierten Dimension rotieren lassen könnte, dann könnte man ein rechtsdrehendes in ein linksdrehendes Kristall oder ein Lebewesen irdischen Typs in ein Lebewesen der Gegenwelt verwandeln.

Ebenso könnte man durch dieses Verfahren – wenn es realisierbar wäre – aus einem linken einen rechten Schuh und aus einem rechten einen linken Handschuh machen. Ein Mensch, der diese Umwandlung durchmachte, hätte danach sein Herz auf der rechten Seite. Mit diesem Thema befaßt sich Wells' Geschichte *»Die Wahrheit im Fall Plattner«*. Bei einer Explosion wird der Held der Geschichte zufällig in der vierten Dimension in Rotation versetzt und kehrt dann in unsere Welt zurück. In dem 1897 verfaßten Roman schreibt Wells: »Sein Herz befindet sich wahrscheinlich rechts, aber das wird man mit Sicherheit erst bei der Autopsie wissen, denn kein Mensch kann ahnen, was im Inneren des menschlichen Körpers vor sich geht.« Im gleichen Jahr entdeckte Röntgen die nach ihm benannten Strahlen! Der Wirklichkeit gelingt es, sogar die Phantasie eines Wells' zu übertreffen.

Wird uns die Synthese des Lebens zur Ergründung des Geheimnisses der vierten Dimension verhelfen? Wird man, wenn man gleichzeitig zwei spiegelbildliche Lebewesen erhält, imstande sein, sie gegenseitig umzuwandeln? Diese ungewöhnlichen Fragen drängen sich in diesem Zusammenhang auf. Wie alle großen wissenschaftlichen Entdeckungen wird die Synthese des Lebens mehr Probleme aufwerfen, als sie lösen wird.

Sicher scheint auf jeden Fall zu sein, daß die Geometrie bei der Ausbildung von Lebewesen eine Rolle spielt. Man kennt noch sehr wenig die Anhäufung der Partikeln, ihre spiralförmige Anordnung, die Rotation der Spiralen um die eigene Achse und um andere Spiralen, die ganze komplexe Architektur des Lebens. Durchaus seriöse Wissenschaftler interessieren sich lebhaft für die Fabrikation von Papier-Fiorituren, um herauszubekommen, wie man durch Faltung aus rechteckigen Flächen zu den komplizierten Spiralen und Schrauben der Nukleinsäuren gelangen könnte.

Die Ziffer Fünf und das Leben

Wahrscheinlich wird das Wasser bei der Synthese des Lebens eine Rolle spielen. Man konnte bereits nachweisen, daß es nicht nur für alles Lebendige unerläßlich ist, sondern auch bei der Kristallisation bestimmter Proteine mitwirkt. Perutz und seine Schule haben gezeigt, daß in diesem Fall die Verbindung durch Wassermoleküle eine ganz wesentliche Rolle spielt. Die Menge des mitwirkenden Wassers kann sehr stark schwanken, aber es hat den Anschein, daß in der Regel die Eiweißmoleküle nur durch ein oder zwei Molekularschichten Wasser getrennt sind. Sind es mehr Wassermoleküle, dann sind jene, die die Lücken zwischen den Eiweißmolekülen schließen, so angeordnet wie im Eis. Indessen ist die Kristallisation kein geläufiges biologisches Phänomen. Bei der Entstehung des Lebens waren derartige Zusammenschlüsse vermutlich nur von untergeordneter Bedeutung.

Bernal hat nachgewiesen, daß das Wasser als Bestandteil von Lebewesen nach einem Symmetriesystem organisiert ist, das festen Körpern mit fünf Ecken entspricht. Vor einigen Jahren hat er dies in glänzender Weise vor der Royal Society demonstriert. Er brachte einen Behälter voll Fünfflächer und andere Behälter mit Kuben, Prismen und anderen Körpern mit weniger oder mehr als fünf Ecken. Als er den Behälter mit den Fünfflächern umkippte, kullerten diese wie eine Flüssigkeit auseinander. Die anderen geometrischen Körper stießen aufeinander, »flossen« also nicht. Diese Penta-Organisation erklärt die Tatsache, daß Wasser fließt. Daß wir fünf Finger haben, hat vielleicht eine kosmische Bedeutung. Möglicherweise beruht die Symmetrie allen hochorganisierten Lebens, das mit Wasser aufgebaut ist, auf der Zahl Fünf . . .

Unter der Wirkung von Strahlungen oder durch »Ansteckungen« aller Art, durch Kontakt mit Lebendigem scheint das Wasser eine besondere Form anzunehmen, scheint aktiviert zu werden. Piccardi hat gezeigt, daß dieses aktivierte Wasser für die Stabilität lebendiger Systeme von großer Wichtigkeit ist. Vielleicht wird man in einem bestimmten Stadium der Synthese von Leben, wahrscheinlich bei der Kondensierung der Aminosäuren zu Nukleinsäuren, aktiviertes Wasser ins Spiel bringen müssen. Man kann dieses bereits durch Bestrahlung mit elektromagnetischen Langwellen erzeugen.

Synthetisches Leben muß zum Leben erweckt werden

Die Viren, die einfachsten Formen des Lebens, weisen zwei Aspekte auf, einen kristallinen und einen lebenden. Sie bilden somit die Grenze des Lebens. Dazu hat der große französische Wissenschaftler René Berthélemy, einer der Erfinder des Fernsehens, wenige Stunden vor seinem Tod geschrieben: »In einigen Stunden, vielleicht in einigen Minuten werde ich die Schwelle überschritten haben, die das lebende Molekül vom Kristall trennt.« Diese Schwelle überschreiten die Viren. Wahrscheinlich werden sich die ersten synthetischen Viren in kristalliner Form aus ihrer Umgebung abscheiden. Dann wird man sie zum Leben erwecken müssen. Dies ist eine enorme

Schwierigkeit, die von den meisten Autoren, die sich über die Synthese des Lebens geäußert haben, offenbar verkannt wird. Vermutlich wird man das synthetische Leben dadurch lebendig machen können, daß man ihm eine geeignete lebendige Nahrung verabreicht, beispielsweise ein Tabakblatt, weil das Tabakvirus, eine der am gründlichsten erforschten Virusarten, in einem solchen Blatt vom kristallinen in den lebendigen Zustand übergeht. Vielleicht erreicht man die Belebung auch durch eine entsprechende Bestrahlung oder Bombardierung mit Elementarteilchen.

Schon ist die moderne Wissenschaft einer Synthese von Leben sehr nahe. Allerdings kann es ebensogut zwanzig Jahre wie sechs Monate dauern, bis die Synthese gelingt; viel länger wird es meines Erachtens jedoch nicht dauern. Wird man vom synthetischen Virus zu komplizierteren Zellen, zu synthetischen Mehrzellern gelangen können? Ich glaube es nicht. Meiner Ansicht nach besteht ein komplexer lebender Organismus, beispielsweise ein Grashalm, nicht nur aus Materie, sondern auch aus drei Milliarden Jahren Zeit. Er ist die Spitze einer auf der Zeit-Koordinate verlaufenden Abfolge, die man nicht in einem einzigen Augenblick reproduzieren kann. Aber schon die synthetische Erzeugung eines Virus wäre die Krönung unserer wissenschaftlich orientierten Kultur und würde den Beginn eines neuen Zeitabschnitts in der Biologie bezeichnen.

Antimaterie – eine wissenschaftliche Tatsache

Jacques Bergier

»Die Materie hat vermutlich noch tausend Eigenschaften, die wir nicht kennen.«
Voltaire

Parallele Welten

Man spricht davon, wie man 1938 von der Kernspaltung gesprochen hat. Berichte politischer Flüchtlinge, von Journalisten aufgeschnappte Indiskretionen, Andeutungen von Wissenschaftlern oder Politikern, Science-fiction-Geschichten erzeugen eine Atmosphäre ähnlich jener, in der die Welt erstmals an die Möglichkeit einer Atombombe zu glauben begann. Man spricht von Waffen, die vernichtender sein sollen als alles, was bisher zum Einsatz kam, ja als alles, was sich in den Geheimarsenalen der Militärmächte befindet; man spricht von interstellaren Flugkörpern, die durch totale Vernichtung von Materie angetrieben werden sollen, von Katastrophen, die sich bereits in manchen Forschungslaboratorien ereignet haben sollen.

Vor kurzem wurde in einer von siebzehn bedeutenden amerikanischen Wissenschaftlern unterzeichneten Denkschrift darauf hingewiesen, daß die Vereinigten Staaten auf dem Gebiet der Antimaterieforschung bedenklich in Rückstand geraten seien. Gleichzeitig beschuldigte die sowjetische Presse die Amerikaner, sie wollten die »absolute Waffe« schaffen, die die Vernichtung ganzer Kontinente ermöglicht. In Frankreich steckt die offizielle Wissenschaft den Kopf in den Sand und behauptet schlicht, daß es so etwas wie Antimaterie nicht gibt.

Ist die Antimaterie eine Realität, wie man im Ausland glaubt, oder ein Märchen, wie man in Frankreich annimmt? Welchen Anteil haben Phantasie und Science-fiction an den Gerüchten, die derzeit herumschwirren?

Im Jahre 1932 stellte der englische Nobelpreisträger Paul Dirac eine neue Theorie über das Elektron auf. Nach seinen Überlegungen ist die beobachtbare Welt – Atome, Menschen, Gestirne – nur eine hauchdünne Schicht auf der Oberfläche der tatsächlichen Wirklichkeit. Diese eigentliche Wirklichkeit ist ein aus Elementarteilchen bestehender Ozean. Er ist ungemein dicht. Die Partikeln, aus denen er sich zusammensetzt, sind im Vergleich zu unserer beobachtbaren Welt in einem Zustand, in dem ihre Energie kleiner als Null ist: Ihre Energie ist negativ. Diese letzte Wirklichkeit, der Diracsche Ozean, kann von uns nicht entdeckt werden. Aber die kosmischen Strahlen oder die in den Beschleunigern erzeugten energiereichen Partikeln können uns zumindest eine Ahnung davon vermitteln.

Elektron und Positron

Stellen wir uns ein Floß vor, das auf dem Meer schwimmt. Von diesem Floß aus geht ein Rohr ins Wasser. Das Rohr ist an eine Pumpe angeschlossen. Wenn man die Pumpe in Betrieb setzt, kann man auf oder sogar über der Oberfläche des Meeres Wasser fließen lassen, das vorher nicht da war. Gleichzeitig bilden sich im Wasserstrahl Luftblasen, denn eine Pumpe ist nie ganz dicht und luftleer. Wenn ein Wassertropfen auf eine Luftblase trifft, füllt er sie aus, beide verschwinden, und wir sehen wieder die glatte Oberfläche des Wassers vor uns. Ebenso können Elementarteilchen und natürliche oder künstliche Strahlen aus dem Diracschen Ozean neugeschaffene Partikeln herausreißen. Dies sind Elektronen und Elementarteilchen, die in Wirklichkeit nur Löcher im Ozean sind, Löcher, die unseren Sinnen und Meßinstrumenten als Antiteilchen erscheinen: positiv geladene Elektronen (Elektronen sind negativ geladen), die beim Zusammentreffen mit normalen Elektronen vernichtet werden.

Diese phantastische Vision wurde experimentell bestätigt. Es hat sich gezeigt, daß künstlich beschleunigte Elektronen, kosmische Strahlen und Gammastrahlen imstande sind, dem Vakuum Elementarteilchenpaare zu entreißen, die aus einem normalen Elektron und einem positiv geladenen Elektron bestehen. Das positive Elektron heißt Positron. Elektron und Positron vernichten sich, wenn sie aufeinandertreffen; dabei wird Energie in Form von Gammastrahlen freigesetzt.

Vor etwa fünfzehn Jahren ist es mit Hilfe der gigantischen Beschleuniger gelungen, dem Diracschen Ozean auch Antiprotonen und später Antineutronen zu entreißen. Allmählich ist man dahintergekommen, daß jedes Elementarteilchen sein Antiteilchen hat. Jedem Elementarteilchen entspricht im Diracschen Ozean ein Loch. Beim Zusammentreffen mit einem Elementarteilchen vernichtet sich das Antiteilchen, und die gesamte Energiemenge der Materie wird freigesetzt. Es scheint sich hier um ein absolut gültiges Gesetz zu handeln. Sobald die Wissenschaftler ein neues Elementarteilchen finden, wird auch wenig später ein entsprechendes Antiteilchen entdeckt. Bis jetzt sind wir strikt auf dem Boden der Tatsachen geblieben. Von nun an muß man stets daran denken, daß wir uns in den Bereich der Hypothesen begeben haben.

Von den Antiteilchen zur Antimaterie

Was weiß man über die Zusammensetzung gewöhnlicher Materie? Um einen positiv geladenen Kern aus Protonen und Neutronen kreisen negativ geladene Elektronen, die auf schalenförmigen Bahnen angeordnet sind. Die Ausdrücke im Bereich der Kernphysik sind oft ungenau; unter Schalen hat man unterschiedliche Energieniveaus zu verstehen. Die Elektronen kreisen also nicht wie die Planeten um die Sonne auf bestimmten Bahnen um den Atomkern. Die Ausdrücke positiv und negativ beziehen sich auf die elektrische Ladung. Daß man die Elektrizität des Elektrons als negativ und die des Protons als positiv bezeichnet, hat keinen besonderen Grund, sondern ist eine willkürliche Benennung. Besser wären die Begriffe Nord- und Südelektrizität gewesen; genausogut hätte man von roter und blauer Elektrizität sprechen können. Die derzeitige Terminologie ist geeignet, bei Laien Verwirrung zu verursachen. Aber wiederholen wir, auch wenn Kernphysiker vielleicht mit dieser Formulierung nicht einverstanden sind: Die Materie setzt sich aus positiv geladenen Atomkernen und sie umkreisenden negativ geladenen Elektronen zusammen. Dagegen ist die Energie von Kernen wie Elektronen positiv, wobei diesmal das Wort positiv die Bedeutung von »mehr als Null« hat. Kerne wie Elektronen schwimmen auf einem Ozean aus Partikeln mit negativer Energie, wobei der Ausdruck negativ »weniger als Null« bedeutet, also keine willkürliche Bezeichnung ist (wie im Fall der Elektrizität). Die Löcher in diesem negativen Energieniveau erscheinen als Antiteilchen: positive Elektronen, negative Protonen, Antineutronen, Antihyperonen, Anti-Sigma-Teilchen, Anti-Ksi-Teilchen und so fort.

Materie kann sich aus Elementarteilchen bilden. Allerdings ist es meines Wissens noch niemals gelungen, durch das Aufeinandertreffen von Elektronen- und Protonenbündeln Schweren Wasserstoff zu erzeugen. Aber wenn man flüssigen Wasserstoff mit Neutronen beschießt, bildet sich Schwerer Wasserstoff, dessen Kern aus einem Proton und einem Neutron besteht. Der Physiker darf also mit gutem Grund annehmen, daß durch eine Ketteneinfangung von Neutronen alle Elemente aus einem Ur-Chaos aufgebaut werden können, das nur Protonen und Neutronen enthält.

Gibt es bei einer hypothetischen Antimaterie das gleiche Phänomen? Können sich Antiprotonen und Antineutronen zu Kernen zusammenschließen, um die Positronen kreisen? Kann man Antiwasserstoff, Antieisen, Antiquecksilber erzeugen? Bestehen manche Galaxien des Universums aus Antimaterie? Gibt es ein Antiuniversum, eine Gegenwelt, in einem anderen Raum-Zeit-Kontinuum oder auch in unserem Kontinuum, die sich aber von der Zukunft in die Vergangenheit bewegt? Dies sind die gewaltigen Fragen, die sich die Wissenschaft unserer Zeit zu stellen beginnt.

Ein Positron oder positives Elektron, das sich um einen aus Antineutronen und Antiprotonen aufgebauten Kern dreht, würde Licht aussenden, das gleiche Licht, wie es die normale Materie aussendet. Das Teleskop kann uns also keinen Aufschluß geben. Wenn es aus Antimaterie gebildete Galaxien gibt, senden sie das gleiche Licht aus wie gewöhnliche Galaxien. Wenn aber eine Galaxie aus Antimaterie auf eine Galaxie aus gewöhnlicher Materie trifft, müssen sich Materie und Antimaterie gegenseitig vernichten, was zu einer ungeheueren Explosion führt. Auch können sich Sterne aus Antimaterie in ein Universum aus gewöhnlicher Materie verirren, ohne ihre Energie zu verlieren, weil die normale kosmische Materie beim Auftreffen auf die Oberfläche automatisch vernichtet wird.

Wir wissen also nicht mit Sicherheit, ob es Antimaterie gibt. Aber manche Wissenschaftler sind der Überzeugung, daß die Antimaterie aus Gründen der Symmetrie notwendigerweise existieren muß. Andere glauben, daß das Universum nicht symmetrisch ist. In diesem Fall gäbe es keine Antimaterie, und die Antiteilchen wären nur ganz und gar außergewöhnliche Erscheinungen, die durch lokal scharf gebündelte Energiekonzentrationen erzeugt würden; dadurch würde in die Partikeln mit negativer Energie, die den Diracschen Ozean bilden, ein Loch gerissen. Diese Ansicht verteidigt besonders einer der Väter der Kernspaltung, Professor Otto R. Frisch, der derzeit die Abteilung für Kernphysik am berühmten Cavendish Laboratory in Cambridge leitet.

Ebenso berühmte Physiker wiederum glauben, daß es nicht nur ein paralleles Universum aus Antimaterie gibt, sondern andere parallele Welten aus gewöhnlicher Materie, aber in anderen Dimensionen. So nimmt Pascual Jordan an, daß die Supernovae aus anderen Welten stammen und plötzlich in unserem Universum auftauchen.

Wie dem auch sei: Selbst wenn die Antimaterie im Universum nicht existiert, beweist doch nichts, daß es dem Menschen nicht gelingen könnte, sie künstlich zu erzeugen. Azetylen oder Plutonium existieren in der Natur nicht, und doch hindert dies den Menschen nicht, Azetylen in großen Mengen in der Kunststoffindustrie zu verwenden oder Atombomben herzustellen. Die Frage ist also legitim, was geschehen wird, wenn es dem Menschen einmal gelingt, Antimaterie zu erzeugen.

Der gewaltigste Energiespeicher

Um zehn Tonnen Antimaterie zu erzeugen, benötigte man 10^{14} kWh, also ebensoviel Energie, wie auf der ganzen Erde in zehn Jahren verbraucht wird. Um solche Energiemengen produzieren und lokal konzentrieren zu können, genügt wahrscheinlich die Elektrizität, mit der die Teilchenbeschleuniger betrieben werden, bei weitem nicht; vielmehr bedürfte es einer ganz neuen Kernreaktion, beispielsweise der Spaltung des Kerns eines transplutonischen Elementes in einen normalen Plutoniumkern und einen Antikern. Wissenschaftler, die die UdSSR verlassen haben, ließen durchblicken, daß man dort solche Reaktionen bereits entdeckt hat. Allerdings lassen sich solche Mitteilungen nur schwer verifizieren.

Wenn es jedoch der Wissenschaft gelänge, genauso Antimaterie zu erzeugen, wie man heute Azetylen oder Plutonium fabriziert, dann würde damit der gewaltigste Energiespeicher geschaffen, den man sich vorstellen kann, denn nach allem , was wir wissen, ist anzunehmen, daß sich die Materie beim Zusammentreffen mit Antimaterie vernichtet und dabei die gesamte Materie in Energie umgesetzt wird. Eine Tonne Materie und eine Tonne Antimaterie ergeben zusammen zwei Tonnen Energie, also 2×10^{13} kWh oder 20 Milliarden Kilowattstunden. Um eine solche Vernichtung zu verhindern und die Antimaterie zu konservieren, müßte man sie in einer magnetischen Flasche unterbringen, d. h. in einem Magnetfeld bestimmter Form, wie man es bei den Plasmaversuchen verwendet. Allerdings würde die magnetische Flasche allein wahrscheinlich nicht ausreichen; sie müßte durch elektrische oder elektromagnetische Felder verstärkt werden. Dieses technische Problem dürfte keineswegs unlösbar sein. Wenn es den Wissenschaftlern gelingt, Antimaterie zu erzeugen, dann werden sie auch eine Möglichkeit finden, sie zu konservieren. Dies um so mehr, als das Ausschließlichkeitsprinzip von Wolfgang Pauli, nach dem zwei Elementarteilchen ein und desselben Systems sich nicht im selben Zustand befinden können, möglicherweise tatsächlich Gültigkeit hat. (Kurz eine Erklärung zu Paulis Prinzip: Durch Beobachtung wissen wir, daß keine zwei Menschen, Tiere oder Pflanzen genau gleich sind. Pauli behauptet, daß es im Mikrokosmos ebenso sei. In einem Atom könnten keine zwei Elektronen das gleiche Energieniveau besitzen, da sie dann identisch seien. Daraus erklärt sich das periodische System der Elemente. Wenn das Prinzip Paulis auch für die Antimaterie gilt, wäre die Konservierung der Antimaterie leichter, als man glaubt.)

Aus Berechnungen, die auf diesen Gedanken basieren, scheint hervorzugehen, daß jedes Antielement nur das ihm genau entsprechende Antielement zerstören kann: Antiquecksilber vernichtet nur Quecksilber, nicht aber gewöhnliches Eisen. Also würde die Aufbewahrung von Antimaterie gar kein sonderlich schwieriges Problem darstellen. Man benötigte nicht einmal eine magnetische Flasche. Die Denkschrift der amerikanischen Wissenschaftler spielt vielleicht auf eine derartige Entdeckung an, wenn von sensationellen russischen Arbeiten auf dem Gebiet der Antimaterie gesprochen wird.

Jedenfalls lassen die jüngsten Fortschritte der Kernphysik es als durchaus denkbar erscheinen, daß in absehbarer Zeit sowohl Verfahren zur synthetischen Erzeugung von Antikernen durch eine neuartige Kernreaktion als auch Konservierungsmethoden für die Antimaterie entwickelt werden. Es ist demnach sehr wohl möglich, daß schon in naher Zukunft manche Staaten über beträchtliche Reserven an Antimaterie verfügen werden. Dann würde die Menschheit in eine neue Phase eintreten, Kräfte gewinnen, an die man kaum zu denken wagte. Was wird sie damit anfangen?

Mit der Fliegenden Lampe zu den Sternen

Der Moskauer Professor Staniojukowitsch hat auf diese Frage geantwortet: Die Menschheit wird die Sterne erobern! Der Russe und die Mitarbeiter seines Forschungsinstituts haben den Plan einer durch Antimaterie angetriebenen Raumsonde gefaßt und mit ersten Arbeiten zu ihrer Verwirklichung begonnen. Sie haben ihr Raumfahrzeug »Fliegende Lampe« getauft. Mit Hilfe solcher Fahrzeuge, die sich beinahe mit Lichtgeschwindigkeit fortbewegen würden, könnten die Menschen das ganze Universum erforschen, mindestens alle Himmelskörper unserer Galaxie und vielleicht auch andere Galaxien. Die »Fliegende Lampe« beruht auf folgendem Prinzip: Je schneller die von einem Triebwerk emittierten Partikeln sind, desto größer ist die Beschleunigung. Professor Staniojukowitsch stellte folgende Überlegung an: Wenn es gelänge, ein Raumfahrzeug zu konstruieren, das nicht glühende Gase, sondern Licht emittierte, also eine Art Fliegender Lampe, dann könnte diese Geschwindigkeiten erreichen, die dank der Kontraktion der Zeit, die sich aus der Relativitätstheorie ergibt, den Besuch auch fernster Himmelskörper erlauben.

Aber bald wurde ein gewichtiges Hindernis sichtbar. Ein Spiegel reflektiert Licht oder eine andere elektromagnetische Strahlung niemals hundertprozentig. Ein winziger Bruchteil der Energie wird vom Spiegel absorbiert. Aber bei Milliarden und aber Milliarden Kalorien würde sogar ein solch winziger Bruchteil ausreichen, um jeden Spiegel zum Schmelzen zu bringen.

Staniojukowitsch und seine Mitarbeiter haben dieses Problem gelöst. Sie haben aufgezeigt, daß es einen Fall gibt, in dem die Strahlungen praktisch zu 100 Prozent reflektiert werden; weniger als ein Milliardstel wird vom Reflektor absorbiert. Dies geschieht, wenn die Wellen eine Länge von einem Zehntelmillimeter haben, also bei elektromagnetischen Wellen an der Grenze zwischen Radiowellen und Infrarotstrahlen, und wenn als Reflektor ein dicker Block aus poliertem Kupfer verwendet wird. Äußerst präzise Messungen haben ergeben, daß man mit einem solchen Kupferspiegel ein Strahlenbündel entsprechender Wellenlänge mit fünfmillionenfacher Intensität der Sonne praktisch total reflektieren kann, ohne daß das Kupfer schmilzt.

Das zweite Hindernis auf dem Weg zur »Fliegenden Lampe« ist das Problem, wie es gelingen kann, die bei der Vernichtung von Materie durch Antimaterie freigesetzte Energie in Strahlungen mit einer Wellenlänge von einem Zehntelmillimeter umzusetzen. Professor Staniojukowitsch und seine Mitarbeiter scheinen jedoch dieses Problem ebenfalls gelöst zu haben. Ich glaube nicht, daß es sich hierbei nur um Zweckoptimismus handelt.

Das dritte Hindernis ist die kosmische Strahlung. Ein Raumschiff, das sich fast mit Lichtgeschwindigkeit fortbewegt, wird, wie unschwer einzusehen ist, von weit mehr kosmischen Strahlen und Partikeln getroffen als ein Raumschiff mit einer Geschwindigkeit von 10 oder 15 Kilometer in der Sekunde. Da die kosmische Strahlung im ganzen Weltraum ziemlich gleiche Stärke hat, wird ein sich sehr schnell bewegendes Raumschiff mehr solcher Strahlen treffen als ein langsames Raumschiff in demselben Zeitraum. Sehr rasch wäre die Strahlendosis für die Insassen des Raumschiffs tödlich. Also braucht man eine Vorrichtung, die die Menschen vor der Gefahr von außen schützt. Staniojukowitsch und seine Mitarbeiter haben Pläne für eine solche Schutzbarriere veröffentlicht. Es handelt sich um einen künstlich erzeugten magnetischen Schutzwall.

Natürlich müßte die Fliegende Lampe im Weltraum zusammengebaut und so gestartet werden, daß ihr Strahlstrom niemals zur Erdoberfläche gelangt, denn sonst würden große Teile der Erdoberfläche versengt oder gar schmelzen. Professor Agrest ist der Meinung, daß die Tektiten durch die Reaktoren solcher Fliegenden Lampen verursacht wurden, die in ferner Vergangenheit die Erde besuchten oder auch durch sehr frühe, auf einem technisch unglaublich hohen Niveau stehende Kulturen ins All gesandt wurden. Nach einer verhältnismäßig einfachen Formel läßt sich die Dauer der Weltraumfahrt in der Zeit der Insassen der Fliegenden Lampe berechnen.

Wenn man die Formel auf ein Raumfahrzeug anwendet, das die Hälfte seines Weges mit einer der Erdanziehungskraft entsprechenden Beschleunigung zurücklegt und dann mit derselben Beschleunigung bis zum Eintreffen am Ziel bremst, kommt man zu phantastischen Resultaten. Die Insassen einer solchen Fliegenden Lampe würden überhaupt nichts merken. Die Schwere im Raumschiff wäre die gleiche wie an der Erdoberfläche. Die Zeit würde nach ihrem Gefühl gleichmäßig ablaufen. Aber in wenigen Jahren wären sie bis zu den fernsten Sternen gelangt. Nach einundzwanzig Jahren (ihrer Zeitrechnung) wären sie im dichten Kern unseres Milchstraßensystems, das 75000 Lichtjahre von der Erde entfernt ist. In achtundzwanzig Jahren kämen sie zum Andromedanebel, der uns nächsten Galaxie; ihre Entfernung von uns beträgt 2250000 Lichtjahre.

Wohlgemerkt, hierbei handelt es sich nicht um Science-fiction. Die Formel, von der die Rede war, ist experimentell im Laboratorium verifiziert worden. Mit Hilfe dieser Formel kann jeder, der mit einer Logarithmentafel umzugehen versteht, unsere Rechnungen nachvollziehen. Man kann sich kaum irren, und alle auf diesem Gebiet erzielten Resultate stimmen überein. Es ist also wichtig, über die Bedeutung dieser Phänomene für den Menschen nachzudenken.

Die Forscher, die den Andromedanebel aufsuchen wollen, werden in 56 Jahren zur Erde zurückgekehrt sein; hinzu ist noch die Zeit ihres Aufenthalts auf den von ihnen erforschten Planeten zu rechnen. Nehmen wir also einmal an, sie brauchen insgesamt 65 Jahre – aber

65 Jahre nach ihrer Zeitrechnung. Auf der Erde sind dann inzwischen 4500000 Jahre verflossen. Die Reise mit nahezu Lichtgeschwindigkeit bedeutet eine Eroberung nicht nur des Raumes, sondern auch der Zeit. Nicht nur das Weltall, sondern auch die Zukunft wird dem Menschen zugänglich. Nur die Science-fiction-Autoren haben an diese Konsequenz gedacht. Aber es ist wohl an der Zeit, daß auch die Wissenschaftler die Folgen eines solchen Unterfangens überdenken. Wenn die Reisenden erst einmal in der Zukunft sind, ist jede Rückkehr in die Vergangenheit völlig unmöglich. Wir befinden uns in der realen Welt und nicht in der Welt des Romans. Wells' »Zeitmaschine« ist nicht realisierbar und wird auch nie verwirklicht werden können. Aber schon die Möglichkeit, das Universum erforschen und Jahrhunderte, Jahrtausende oder gar Jahrmillionen später auf die Erde zurückkehren zu können, ist erstaunlich genug. Wenn, wie manche glauben, die Geschichte zyklisch abläuft, wenn die Kulturen untergehen und wiedergeboren werden, könnte die Fliegende Lampe vielleicht dazu beitragen, die Kontinuität zu wahren, einer im Niedergang begriffenen Kultur durch die Beiträge einer aus ihrer Vergangenheit stammenden hochstehenden Wissenschaft neues Blut zuführen und ihr gleichzeitig all das vermitteln, was die Insassen des Raumschiffes auf den Planeten anderer Sonnen entdecken. Eine solche Kolonisation nicht nur im Raum, sondern auch in der Zeit wäre etwas völlig Neues in der Menschheitsgeschichte. Man hat viel davon gesprochen, »für die Nachwelt« zu arbeiten, eine »herrliche Zukunft« vorzubereiten, für die Menschen der Zukunft zu arbeiten. Die Fliegende Lampe, die durch Antimaterie angetriebene Rakete, gäbe uns eine reale, physische Möglichkeit, mit der Nachwelt in Kontakt zu kommen. Wahrscheinlich werden die Menschen der Zukunft im Raum nicht nur reisen, um die Galaxien zu erforschen, sondern auch, um zukünftigen Kulturen das zu vermitteln, was sie verwirklichen konnten. Schon aus diesem Grund wird die Entdekkung der Antimaterie so bedeutsam sein wie einst die des Feuers.

Die dunkle Seite der Antimaterie

Die Antimaterie ist eine Verheißung, aber sie ist auch eine Bedrohung. Eine Antimateriebombe mit der fünfzig- oder fünfundsiebzigfachen Sprengkraft einer Wasserstoffbombe, mit einer Vernichtungskraft von tausend oder fünftausend Megatonnen könnte das

Ende unserer Kultur bedeuten. Eine solche in großer Höhe zur Explosion gebrachte Bombe (mit der technischen Seite dieser Möglichkeit hat sich der französische Militärtechniker Camille Rougeron befaßt) würde ganz Amerika oder Europa in Brand setzen. Ein Gebiet von der Größe der Vereinigten Staaten oder der Länder des Gemeinsamen Marktes würde restlos verbrennen. Dies wäre eine wahrhaft apokalyptische Feuersbrunst, ein hunderttausendfaches Hiroshima.

Man versteht Chruschtschows Angst, als er erklärte, er zittere vor dem Inhalt der Aktentaschen der Wissenschaftler.

Wenn es erst einmal einen Vorrat an Antimaterie gibt und man sie konservieren kann – Antimaterie ist nicht radioaktiv und müßte im Prinzip unbegrenzt konservierbar sein –, wäre es für einen Techniker nicht sonderlich schwierig, eine Antimateriebombe zu entwickeln. Man brauchte nur Antimaterie und normale Materie der gleichen Ordnungszahl zusammenzubringen, um eine gewaltige, unvorstellbar gewaltige Explosion herbeizuführen.

Werden wir eines Tages erfahren müssen, daß ein Land X Satelliten mit Antimateriebomben in eine Umlaufbahn um die Erde gebracht hat und diese durch ein Funksignal zur Auflösung bringen kann? Das befürchten die siebzehn amerikanischen Wissenschaftler, die das erwähnte Manifest unterzeichnet haben. Die gleiche Befürchtung hegt der Nobelpreisträger Linus Pauling. Als ihm der Nobelpreis zum zweitenmal verliehen wurde (das erstemal erhielt er den Nobelpreis für Chemie, später den Friedensnobelpreis), sprach er von derzeit im Bau befindlichen Waffen, die schrecklicher seien als die Atombombe. Er verlangte ein sofortiges Eingreifen der Vereinten Nationen. Die augenblickliche Gefahr ist die Antimateriebombe, »eine Wolke, die nicht größer ist als eine menschliche Hand«. Wann wird diese Gefahr Wirklichkeit werden? Das läßt sich schwer abschätzen, aber es kann sehr bald geschehen.

Antimaterie und Wissenschaft

Die Antimaterie ist also eine Verheißung in den Augen der Weltraumtechniker und eine Bedrohung, wenn sich Militärtechniker mit ihr befassen. Für den Forscher im Laboratorium ist sie eine faszinierende Möglichkeit, die zu ungeahnten neuen Entdeckungen führen kann. Eine dieser Entdeckungen wurde bereits experimentell von dem Amerikaner Martin Deutsch gemacht. Er hat festgestellt, daß

Positron und Elektron, ehe sie sich gegenseitig vernichten, für sehr kurze Zeit eine neue Verbindung eingehen, das Positronium bilden.

Im Positronium kreisen Elektron und Positron um ihr gemeinsames Gravitationszentrum. Es handelt sich um ein Element, das leichter ist als Wasserstoff – was man früher für unmöglich hielt. Im Periodischen System der Elemente ist das Positronium nicht zu finden. Gäbe es nur eine Möglichkeit, es zu stabilisieren! Man träumt von Ballonen, die mit einem Gas gefüllt sind, das 920mal leichter ist als Wasserstoff, von schwebenden Metallen und Legierungen, ähnlich der schwebenden Städte Swifts in *»Gullivers Reisen«*. Vielleicht wird es später einmal der Wissenschaft gelingen, das Positronium zu stabilisieren, möglicherweise, indem man es bis auf Temperaturen in der Nähe des absoluten Nullpunkts abkühlt oder es in ein strukturiertes Magnetfeld einschließt. Das Studium der Materie würde dann wunderbar bereichert werden.

Das Positronium ist noch keine Antimaterie, sondern ein Zwischenelement an der Grenze zweier Welten. Wenn es gelingt, Antimaterie zu erzeugen, wird man vielleicht Materie mit Doppelkernen produzieren können, einem positiv und einem negativ geladenen Kern – Elemente, die in kein Periodisches System mehr hineinpassen würden. Um diesen Doppelkern würden Elektronen und Positronen kreisen auf Bahnen, die niemals zusammentreffen.

Die Antimaterie würde noch weit außergewöhnlichere Forschungen ermöglichen.

Ein 1957 von der chinesischen Physikerin Frau Wu an der Columbia University durchgeführtes Experiment brachte die Welt der Wissenschaft in Aufruhr. Es war ihr gelungen, radioaktives Kobalt zu gefrieren. Das gefrorene Kobalt hätte theoretisch Elektronen symmetrisch in alle Richtungen emittieren müssen. Das Experiment zeigte jedoch, daß die Elektronen bevorzugt in Richtung des Nordpols eines starken Elektromagneten emittiert wurden, der die Kerne bewegte. Dieses verblüffende Ergebnis bewies, daß die Materie nicht symmetrisch ist, wie zwei andere Chinesen, T. D. Lee und C. N. Yang, bereits theoretisch vorausgesagt hatten. Anders gesagt: Die Naturgesetze verändern sich, wenn man sich in ein dem unseren symmetrisches Universum begibt. Die Naturgesetze des Universums in einem Spiegel sind nicht die gleichen wie bei uns.

Dies war eine der phantastischsten Theorien, die jemals aufgestellt worden waren. Sie läuft auf die Behauptung hinaus, daß die Materie bis in ihre winzigsten Partikeln und sogar der Raum nicht symmetrisch sind. Danach ist der Raum, in dem wir leben, nicht der

Raum der Mathematiker, nicht nur nicht-euklidisch, sondern sogar verdreht. In der Alltagswirklichkeit würden sich nicht nur Parallelen schneiden, sondern die Objekte wären nicht mehr dieselben, wenn sie eine Reise durch den Raum machten und zu ihrem Ausgangspunkt zurückkehrten.

Da es zwei Arten von Verwindung im Raum gibt, kommt man in die Versuchung anzunehmen, daß unsere Materie nach der einen Seite und die Antimaterie nach der anderen Seite verwunden ist, beispielsweise nach rechts und nach links.

Der große sowjetische Physiker Lew Landau, ein Nobelpreisträger, hat rechnerisch gezeigt, daß dies tatsächlich der Fall zu sein scheint. Er nennt dies das Prinzip der absoluten Symmetrie. Seither träumen alle Physiker der Welt davon, Anti-Radiokobalt zu produzieren und damit das Experiment von Frau Wu zu wiederholen. Wenn die von dem Anti-Radiokobaltkern emittierten Positronen ebenfalls asymmetrisch wären, dann wäre die Theorie der absoluten Symmetrie bewiesen. In den Niederlanden stellte man Versuche mit normaler Materie an, die Positronen aussandte. Diese Versuche weisen darauf hin, daß Landau recht gehabt hat. Indessen wäre nur ein Experiment mit Anti-Radiokobalt wirklich schlüssig.

So weit der Gedanke reicht

Wenn die Theorie der absoluten Symmetrie sich als richtig herausstellen sollte, hätte dies Konsequenzen, die sich die blühendste Phantasie nicht auszumalen vermag. Einstein hat gezeigt, daß man Raum und Zeit nicht trennen kann. Wenn der Raum verwunden ist, kann es auch keine Zeit mehr geben. Wenn das Prinzip der Parität, d. h. der Symmetrie des Raumes, zusammenbricht, dann gilt auch das Prinzip der Symmetrie zwischen Vergangenheit und Zukunft nicht mehr. Die Relativität der Zeit war bis jetzt eine der wesentlichen Grundlagen der Physik. Nach dieser Relativität war die Vergangenheit des einen Beobachters die Zukunft des anderen, entsprechend ihrer Position im Raum und ihrer Eigengeschwindigkeit. Wenn diese Relativität von Vergangenheit und Zukunft dem Physiker genommen wird, wird er daraus höchst beunruhigende Folgerungen ziehen. Wenn in der wirklichen Welt die Zeit verwunden ist, wenn selbst bei den kleinsten Partikeln die Zukunft anders ist als die Vergangenheit, wenn die Zeit sich nicht aus Augenblicken zusammensetzt, sondern aus Pfeilen, die alle nach ein und demselben

Horizont hin ausgerichtet sind, zumindest in ein und derselben Welt, dann wäre die gesamte Physik neu zu durchdenken.

Ein Russe, Nikolai Alexandrowitsch Kosyrew, hat sich an diese Aufgabe herangewagt. Dieser Theoretiker wird von den sowjetischen Wissenschaftlern heftig angegriffen. Wie viele rein intuitiv arbeitende Genies will Kosyrew weniger überzeugen als zeigen, und seine Beweisführungen entbehren der wissenschaftlichen Exaktheit. Man kann ihn beinahe als Sonntagsmathematiker bezeichnen. Übrigens ist er kein professioneller theoretischer Physiker, sondern eigentlich ein Astronom, der auf diesem Gebiet schon wertvolle Entdeckungen gemacht hat. So hat er zum erstenmal Nordlichter auf der Venus beobachtet und brennende Gasströme im Alfons-Krater auf dem Mond. Die Qualitäten und Verdienste Kosyrews als Astronom werden von niemandem in Zweifel gezogen. Aber seine neue, über Einstein hinausgehende Physik mit einer aus Pfeilen zusammengesetzten Zeit hat noch keine allgemeine Anerkennung gefunden. Diese neue Physik führt zu der Folgerung, daß die Wissenschaft eines Tages aus dem Ablauf der Zeit ebenso Energie wird gewinnen können, wie man heute aus fließendem Wasser Energie gewinnt. Kosyrews Theorie stößt an die Grenzen des Denkens vor. Um sie zu bestätigen, müßte man im Laboratorium Experimente mit radioaktiven Antielementen durchführen, mit aus Antimaterie bestehenden radioaktiven Elementen. Und wenn sie bestätigt wäre, bedürfte es außergewöhnlich kühner Geister, um daraus die praktischen Folgerungen zu ziehen. Wenn die Zeit tatsächlich ein Fluß mit Wirbeln ist, wenn die Richtung, in der sie fließt, durch Pfeile markiert wird, die an die kleinsten Partikeln von Materie und Antimaterie »geheftet« sind – wird man dann eines Tages Staudämme errichten, um die Energie der Zeit einzufangen? Bei dieser Zukunftsvision wollen wir unseren Ausflug ins Reich der Antimaterie beenden.

Magie und Wissenschaft

Jacques Bergier

»Es gibt für alles eine Zeit.
Es gibt sogar eine Zeit für die Wiederbegegnung der Zeiten.«
Louis Pauwels

Tatsachen, nichts als Tatsachen

Die Behauptung, daß Menschen vor unserem wissenschaftlichen Zeitalter bereits hochentwickelte Techniken entdeckt und erstaunliche Möglichkeiten gefunden haben, um auf die Natur und das Leben einzuwirken, ist zu schockierend, als daß man sie ohne handfeste Beweise gelten lassen könnte.

Alle rationalistischen Geister – und zu ihnen gehören auch wir – sind davon überzeugt, daß die einzige Quelle des Wissens das Experiment und die Berechnung sind. In der Tat, nimmt man diese Quelle aus, so scheint es als einzige Alternative die Offenbarung zu geben. Verwendet man diesen Ausdruck nicht in seiner engeren religiösen Bedeutung, sondern ganz allgemein, so ist er durch all die Drohungen belastet, die bis zur Befreiung der Wissenschaft im Zeitalter der Renaissance und vor allem im 18. Jahrhundert über der freien Forschung hingen.

Zum Gefolge der Offenbarung gehören Aberglaube, esoterischer Obskurantismus und geistiger Zwang. Wenn nämlich Wissen aus einer Offenbarung fließt, haben jene, denen diese Offenbarung zuteil wurde, das Recht, die Wahrheit allen anderen aufzuzwingen.

Heute vertritt kein Mensch mehr die Offenbarungstheorie. Sogar religiös ausgerichtete Menschen fordern im Bereich der Wissenschaft Freiheit. So hat in jüngster Zeit der Physiker und Dominikaner Dubarle öffentlich ausgesprochen, daß die Wissenschaft materialistisch sein müsse. Aber wenn es außer dem Experiment und der Berechnung keine anderen Wissensquellen gibt, muß man dann das, was uns untergegangene Kulturen lehren, für null und nichtig halten? Hat es nicht schon vor den uns bekannten frühen Hochkulturen noch ältere hochentwickelte Kulturen gegeben?

Eine vorurteilsfreie Erforschung der Kulturen des vorwissenschaftlichen Zeitalters würde uns in der Tat Kenntnisse vermitteln, von denen unsere Wissenschaft noch keine Ahnung hat. Seit mehr als zehn Jahren haben wir eine Fülle von Tatsachen gesammelt, von denen wir einen Teil in *»Aufbruch ins dritte Jahrtausend«* behandelt haben. Tun wir dies, um unsere heutige Zivilisation herabzusetzen? Gewiß nicht. Vielmehr wollen wir damit zu neuen Forschungen anregen, die geistige Einheit der Menschen aller Rassen, Kulturen und Zeiten aufzuzeigen. Wir sind ökumenischen Geistes.

Magie und Pharmazeutik

Die systematische Erforschung der Magie in pharmazeutischer Hinsicht hat 1926 mit einem inzwischen klassisch gewordenen Aufsatz begonnen, mit *»Action and Clinical Uses of Ephedrine, an Alkaloid Isolated from the Chinese Drug, Ma Huang«* von K. K. Chen und C. F. Schmidt. Die Verfasser, ein Chinese und ein Amerikaner, haben nicht, wie damals üblich, die »magischen« Eigenschaften der chinesischen Droge Ma Huang einfach geleugnet, sondern haben die Pflanze analysiert. Dabei konnten sie den Werkstoff Ephedrin isolieren. Ihrer Arbeit verdanken wir viele Weckamine (Anregungsmittel): Benzedrin, Pervitin usw. Der Student, der vor dem Examen ein Anregungsmittel schluckt, ahnt sicherlich nicht, daß er eine uralte magische Praxis ausübt.

Einige Jahre später befaßten sich amerikanische Forscher mit dem 5000 Jahre alten Schatz indischer Zaubermittel. Sie entdeckten das Reserpin, aus dem heute eine Vielzahl von Ataraktika oder Tranquilizer (Beruhigungsmittel) hergestellt werden. Heute werden allein in den Vereinigten Staaten alljährlich zwei Milliarden Dollar für Tranquilizer ausgegeben. Wer diese Mittel zu sich nimmt, weiß sicherlich nicht, daß es sich beim Hauptwirkstoff um eine Substanz handelt, die man einst den Menschen eingab, die für kultische Opfer bestimmt waren.

Erst nach diesen Arbeiten ging man ernsthaft daran, die Zauberrezepte des Mittelalters zu untersuchen, die vielleicht tatsächlich die in den Hexenprozessen beschriebenen Hexensabbatsvisionen erzeugen können.

Hier das Rezept für die Salbe, mit der sich die »Hexen« einrieben, ehe sie sich zum Sabbat aufmachten:

3 g Oenanthol (Extrakt einer giftigen Sumpfpflanze); 50 g Opium; 30 g Betel; 6 g Fingerkraut; 15 g Bilsenkraut; 15 g Belladonna; 250 g indischer Hanf; 5 g Kanthariden; Tragantgummi und Puderzukker.

Die pharmazeutische Industrie ist noch weit davon entfernt, den ganzen Reichtum der alten Magien ausgelotet zu haben; es scheint, als ob die Thaumaturgen früherer Zeiten den chemischen Methoden noch weit voraus sind. Die nordamerikanischen Indianer benutzten eine empfängnisverhütende Pille, die absolut zuverlässig wirkt. Die Afrikaner kennen Drogen, die eine gefahrlose Schwangerschaftsunterbrechung im zweiten oder dritten Monat erlauben. Eingeborenenstämme verfügen über Pflanzenextrakte, die die parapsychologischen Fähigkeiten wecken und verstärken.

Tierische und pflanzliche Extrakte, Zaubermixturen, die wir wegen unserer langen Verachtung der »nichtzivilisierten Welt« unbeachtet ließen, offenbaren Geheimnisse, die die Wissenschaft noch lange nicht ergründet hat. So schreibt Frank Belknap Long: »Apfel, Baum und Schlange sind die Symbole großer, schrecklicher Geheimnisse.«

Schmiede, Alchimisten, Zauberer

Magie und Metall – zwei sich nahestehende Wörter, zwei miteinander verknüpfte Bereiche. Erst seit kurzem wissen wir, daß man Legierungen viel früher benutzt hat als die reinen Metalle und daß die Verwendung von Legierungen und reinen Metallen viel älter ist, als man noch bis in jüngster Zeit angenommen hat. Die meisten unserer metallurgischen Techniken leiten sich von der Magie her. In Syrien machte man Stahl elastisch, indem man die auf Rotglut erhitzte Klinge einem lebendigen Sklaven in den Leib bohrte. Man versuchte diese Praxis dadurch symbolisch zu deuten, daß man annahm, der Magier habe die Kraft des Blutes auf das Schwert übertragen wollen. Heute weiß man, daß man zum selben Resultat gelangt, wenn man die rotglühende Klinge in Wasser taucht, in dem Tierfelle schwimmen. Das wirksame Element ist der tierische Stickstoff. Aus diesem Verfahren entwickelte die moderne Metallurgie die Stahlnitrierung und später die wirksamere Methode der Beschießung von Stahl mit Stickstoffionen.

Die Ägypter verstanden es, Kupfer zu härten. Auf welche Weise, weiß man allerdings nicht.

Noch ungewöhnlicher ist, daß man in China Gegenstände aus einer Aluminiumlegierung gefunden hat. Ein Aufsatz in der *Revue de l'Aluminium* vom Januar 1961, der sich auf eine Arbeit des Archäologen Yan-Hang in der chinesischen Zeitschrift *Si Vao* stützte, hat alle unsere Vorstellungen über die Geschichte des Aluminiums umgeworfen. Bis zum Beginn des 19. Jahrhunderts, so lautet die traditionelle Darstellung, war das Aluminium unbekannt. 1807 hat Davy es entdeckt, aber erst 1827 konnte es – mit starker Verunreinigung – im Laboratorium gewonnen werden, und die reine Darstellung gelang sogar erst 1854 mit Hilfe eines chemischen Verfahrens. Erst von da an »existierte« das Aluminium. Die industrielle Gewinnung wurde durch die elektrolytischen Methoden von Héroult und Hall ermöglicht. Die Menschheit verfügt also erst seit wenig mehr als einem Jahrhundert über Aluminium.

Diese Auffassung muß revidiert werden, seit man in einem Grabhügel in Kuang-Su im östlichen China Gegenstände aus Metall entdeckt hat. Sie fanden sich im Grab eines Generals aus der Tsin-Zeit (250–313 n. Chr.) und bestehen aus verschiedenen Legierungen, darunter einer Aluminium-Kupfer-Legierung. Bei den Aluminium-Kupfer-Gegenständen handelt es sich wahrscheinlich um Gürtelschnallen. Sie sind von der chemischen Fakultät in Nangking, vom Physikalischen Institut der Chinesischen Akademie der Wissenschaften und im Polytechnikum von Dunbai untersucht worden. Sogar mit unseren heutigen Kenntnissen könnten wir eine solche Legierung nicht herstellen. Daß sie nur durch Zufall entstanden sein soll, ist schwer zu glauben. Es sind dazu Temperaturen von über 1000 Grad erforderlich. Wie die Chinesen so hohe Temperaturen erzeugten, wissen wir nicht. Auch unter der Verwendung von Holzkohle und vorgeheizter Luft ist die Sache schwer erklärlich. Wahrscheinlich haben sie ihre Aluminiumbronze nach Methoden hergestellt, von denen wir keine Ahnung haben. Möglicherweise konnten sie durch Reaktionen, die wir noch nicht entdeckt haben, Kupfer bei niedrigen Temperaturen schmelzen.

Aber dies ist nicht das einzige Problem. Ohne auf die Alchimie einzugehen, sei hier lediglich festgestellt, daß sich in Büchern über Magie präzise Hinweise finden auf:

ein flexibles mineralisches Glas (man gewinnt heute aus Kunstharzen flexible Glasmassen, aber flexibles mineralisches Glas können wir noch nicht herstellen);
absolut nichtrostendes Eisen;
einen so hochwertigen Stahl, daß er sogar von Königswasser nicht angegriffen wird (Königswasser besteht aus drei Teilen Salz- und einem Teil Salpetersäure und löst selbst Gold und Platin auf);

in der Dunkelheit leuchtende Metalle. Das Orichalk, das Metall der Atlantiden, soll ebenfalls phosphoreszierend gewesen sein. Heute kennt man kein Metall, das in der Dunkelheit selbstleuchtend ist.

Magie und Elektrizität

War die Bundeslade der Juden ein elektrostatischer Kondensator? Man hat dies behauptet, aber Beweise dafür gibt es nicht. Sicher ist hingegen, daß man schon in der Sassanidenzeit in Persien von der Elektrizität magischen Gebrauch machte, also in der Zeit zwischen 224 und 651 n. Chr. Den Beweis erbrachte 1936 Dr. Wilhelm König vom irakischen Staatsmuseum in Bagdad. In Khujut Rabu'a, südöstlich von Bagdad, entdeckte er tönerne Gefäße, die 14 cm hoch waren und einen Durchmesser von 8 cm hatten. Sie enthielten kupferne Zylinder und Eisenlamellen, die durch Asphalt gegeneinander isoliert waren. Auf dem Grund der Behälter fand man Kupfersulfat. Durch Hinzufügung von Wasser konnte man mit diesen primitiven Batterien einen elektrischen Strom erzeugen, der für Vergoldungen oder Versilberungen auf galvanischem Weg ausreichte. Die älteste dieser Batterien stammt aus der Zeit um 250 v. Chr., die jüngste wurde um 650 n. Chr. angefertigt. Ebenso hat man galvanisch vergoldete Gegenstände ausgegraben.

Galvani hat die nach ihm benannte Elektrizität 1791 wiederentdeckt, Volta hat 1800 die erste Batterie unserer Kultur geschaffen, die Voltasche Säule. Uns standen noch keine zweihundert Jahre zur Verfügung, um die Verwendungsmöglichkeiten der Elektrizität zu erkunden. Die alten Magier hingegen hatten mindestens 2000 Jahre Zeit. Es ist nicht ausgeschlossen, daß sie Anwendungsmöglichkeiten entdeckt haben, die uns heute nicht bekannt sind.

Das Geheimnis der Elektrizität scheint gut behütet worden zu sein. Sie wird in den alchimistischen oder magischen Schriften niemals direkt erwähnt. Dennoch findet man eine ganze Reihe von versteckten Anspielungen, die sich in dieser Richtung deuten lassen. Man liest von kalt leuchtenden Lampen, von Vorrichtungen, die den in Arztpraktiken üblichen Elektrisiermaschinen ähneln, von Apparaten zur Wiedergabe von Bildern, von Apparaten, die an elektrische Photographie oder Xerographie denken lassen. Das Studium solcher alter Schriften könnte für einen modernen Techniker lohnend sein.

Die Umfärbung von Metallen, die Erzeugung von rotem, blauem

oder schwarzem Gold, von farblosem Gold, die Gewinnung von transparenten Metallen – all das sind Techniken, auf die in der alchimistischen Literatur immer wieder angespielt wird. Wir haben keinen Grund mehr, diese Hinweise als Ammenmärchen abzutun. Vielleicht gibt es elektrochemische Vorgänge – Ionenwanderung, Globalverschiebungen ionisierten Gases –, die wir noch nicht kennen. Die Alten waren von unerschöpflicher Geduld; es ist durchaus denkbar, daß sie ein Metall oder eine Legierung ein volles Jahrhundert lang elektrolytisch oder elektrochemisch behandelten, vier Generationen lang, bis das Metall seine Farbe änderte oder durchsichtig wurde. Mit Hilfe unserer modernen Techniken, besonders mit hochfrequenten Wechselströmen, wird es vielleicht möglich sein, diese Vorgänge in einigen Sekunden ablaufen zu lassen. Aber zunächst einmal müßte man sich mit dem Problem befassen, und das tut man nicht. Lediglich in der Sowjetunion begeben sich die Wissenschaftler immer weiter in dieses Gebiet hinein. Übrigens werfen ihre Studien eine Fülle von neuen Fragen auf. So hat man bei Taschkent merkwürdige Gegenstände gefunden, Gefäße aus Ton, mit einer Art Kunststoff versiegelt. Sie enthielten nichts als einen großen Tropfen Quecksilber. Wozu das dienen soll, weiß man nicht . . . Eine Beschreibung dieser Gegenstände mit Fotografien wurde in der sowjetischen Zeitschrift *Der junge Techniker* gebracht. Wenn sie aus Glas wären, könnte man annehmen, daß es sich um Vorrichtungen zur Erzeugung von statischer Elektrizität oder um Lichtquellen handelte; Piccardi hat nachgewiesen, daß man niederfrequente elektromagnetische Wellen erhält, wenn man Quecksilber in einem Glasgefäß schwenkt. Sie reichen aus, um eine Neonleuchtröhre zum Glimmen zu bringen. Aber mit einem Gefäß aus Ton ist dies nicht möglich. Was sollen die Behälter also? Wir sind in der gleichen Lage, in die ein intelligenter Mensch des 12. Jahrhunderts gekommen wäre, wenn man ihm einen Transformator oder einen Transistor gezeigt hätte.

Das Wasser und seine Geheimnisse

Immer wieder werden in magischen Schriften die wunderbaren Eigenschaften von Wasser aus bestimmten Quellen oder von besonders behandeltem Wasser betont.

Bis vor kurzem hat man dieses ganze Problem als Unsinn abgetan. Inzwischen aber hat man entdeckt, daß das Wassermolekül eine verformbare halbkristalline Struktur hat. Diese Verformung kann durch die Wirkung von Kräften geschehen, die ein mineralisches oder organisches Molekül umgeben. Dies erklärt, warum das Wasser Hydrate bildet, die von der klassischen Chemie nicht vorauszusehen waren, besonders Edelgashydrate. Auch natürliche oder künstlich erzeugte elektromagnetische Felder können die Verformung bewirken. Das hat Piccardi entdeckt. Der große Florentiner Gelehrte hat herausgefunden, daß bestimmte kolloidalchemische Reaktionen je nach der Jahreszeit mit unterschiedlicher Geschwindigkeit ablaufen. Er zog den Schluß, daß die Erde die Kraftlinien eines kosmischen Kraftfeldes schneidet und sich deshalb die chemischen, physikalischen und biologischen Eigenschaften des Wassers im Laufe der Zeit verändern. Ferner hat er bewiesen, daß man Wasser durch niederfrequente elektromagnetische Wellen aktivieren kann.

Wir wissen also heute, daß das Wasser seine Struktur verändern kann. Es kann auflösend wirken, kann auf Kolloide eine stabilisierende oder ausfällende Wirkung ausüben, die normalerweise nicht von ihm ausgeht. Daraus folgt, daß bestimmte Medikamente, Gifte oder Katalysatoren sich in ihrer Wirkung je nach der Beschaffenheit des Wassers verändern können, in dem sie gelöst sind, ja, sogar je nach der Jahreszeit, in der die Stoffe in Wasser gelöst werden. Untersuchungen in dieser Hinsicht stehen noch in den Anfängen. Sie könnten wesentlich vorangetrieben werden, wenn man den Schilderungen von aktiviertem Wasser, die man in Hülle und Fülle in der magischen Literatur findet, mehr Beachtung schenken würde.

Hypnose und Suggestion

Das Hypnotisieren galt lange als eine magische Praxis. Heute ist es so entmystifiziert, daß in Großbritannien sogar die Sozialversicherung hypnotische Behandlungen bezahlt.

Aber die Schriften der Magie gehen über die Hypnose hinaus, enthalten zahlreiche Andeutungen in bezug auf Erscheinungen positiver oder negativer Suggestion. Ein guter Zauberer muß imstande sein, bei einer großen Zahl durchaus wacher Zuschauer Halluzinationen zu erzeugen: dies ist der indische Seiltrick, der Trick mit der Pflanze, die aus dem Tongefäß des Fakirs herauszuwachsen scheint.

Umgekehrt ist es nach der magischen Tradition möglich, negative Halluzinationen zu erzeugen, die bewirken, daß Menschen jemanden nicht sehen. Diese Methode, sich unsichtbar zu machen, soll von den Dieben in Indien und Polynesien benutzt werden. Kann man ohne Beweise einfach leugnen, daß es Techniken gibt, die eine hysterische Blindheit oder kollektive Halluzinationen erzeugen können? Wenn es solche Techniken tatsächlich gibt, wäre es von Interesse, sie wissenschaftlich zu untersuchen. Mit den sogenannten Halluzinogenen (Halluzinationen erzeugende Drogen) scheint dieses Phänomen nichts zu tun zu haben. Verläßliche Zeugen berichten, daß die Zuschauer nicht unter dem Einfluß von Drogen standen. Vielmehr scheinen Verfahren benutzt zu werden, die entsprechende Nervenzentren zu beeinflussen vermögen, so daß die Trugbilder oder Truggeräusche von der betreffenden Person selbst erzeugt werden. Sie hypnotisiert sich gleichsam selbst.

Die fotografische Platte nimmt keine Halluzinationen wahr. Gilt dies auch für eine Fotozelle oder einen elektrostatischen Detektor? Man weiß es nicht. Ein im Juli 1959 in der englischen Zeitschrift *Fate* erschienener Aufsatz schildert Experimente von Mayne R. Coe, der behauptet, es sei ihm gelungen, das seinen Körper umgebende elektrostatische Feld so weit zu ändern, daß ein Meßgerät darauf reagiere.

Kann man das Kraftfeld, das den menschlichen Körper umgibt, so verändern, daß dadurch auf die Nervenzentren eingewirkt wird und Halluzinationen erzeugt werden? Kann ein solches elektrostatisches Signal moduliert werden? Experimentelle Studien auf diesem Gebiet scheinen möglich zu sein. Man kann sich fragen, ob die Macht bestimmter Gestalten der Geschichte, etwa eines Hitler, nicht mit Magie dieser Art verknüpft war. In einem Seminar an der Sorbonne über die Macht der Bilder hat Raymond Aron erklärt, der Einfluß von Politikern wie Hitler, Napoleon oder Lenin sei allein durch das, was wir wissen, nicht erklärbar. Vielleicht gibt es hier eine Kettenreaktion der Art, daß irgendein Fanatiker Halluzinationen erzeugt. Kann ein solcher Einfluß durch Rundfunk oder Fernsehen übermittelt werden? Dies sind verwirrende Fragen, die es verdienen, daß man für ihre Beantwortung einen winzigen Bruchteil der Millionensummen aufwendet, die man für die Motivforschung ausgibt. Kann die Fähigkeit, Halluzinationen zu erzeugen, von dinglichen Gegenständen absorbiert und wieder ausgestrahlt werden? Ist dies die Erklärung, der rationale Kern der ungezählten Legenden über Talismane? Kann man ein Objekt magisch laden, so daß es in seiner Umgebung Halluzinationen hervorbringen kann? Diese Fragen stellen wir nicht zum Spaß, sondern um ein Interesse zu wecken, das die Forschungen in dieser Richtung vorantreiben könnte.

Magie und Duftstoffe

Die Magie deutet an, daß es ein unfehlbares Mittel gibt, um Illusionen und Halluzinationen zu schaffen, über eine größere Menschenmenge Macht zu gewinnen: die Verwendung geeigneter Duftstoffe. Die moderne Chemie hat ungezählte Duftstoffe analysiert und produziert, und entsprechend umfangreich ist die diesbezügliche Literatur. Aber unseres Wissens hat man noch niemals auf die Ähnlichkeit zwischen der Struktur der Moleküle bestimmter Duftstoffe wie Moschus und jener der Desoxyribonukleinsäuren hingewiesen. Und doch springen diese Ähnlichkeiten ins Auge, wenn man sich einmal die jeweiligen Formeln genau ansieht. Wie die Kernsäuremoleküle sind die Moleküle der Duftstoffe sehr kompliziert aufgebaut, können also Informationsträger sein. Dieser Aspekt würde es verdienen, daß man sich ernsthaft mit ihm befaßt, ein Studium, das nicht nur auf der Informatorik, sondern auch auf den alten magischen Texten basieren müßte, die sich in großer Zahl auf Duftstoffe beziehen. Ein Duftstoff, der mehr Informationen vermittelt als die derzeit gebräuchlichen Duftstoffe, an den man sich gewöhnt und den man nicht mehr entbehren kann . . . Eine solche Untersuchung würde auch beweisen, daß die alten Magier weit mehr über die psychologischen Wirkungen von Duftstoffen wußten als die besten Spezialisten unserer Zeit.

Zum Schluß ein Erklärungsversuch

Für uns, die wir uns auf Tatsachen und nicht auf Vorurteile stützen, besteht kein Zweifel, daß die Magie oft Resultate erzielt, die den Ergebnissen unserer modernen Technologie überlegen sind. Deshalb wollen wir auf ganz rationaler Grundlage einen Erklärungsversuch dieses Phänomens wagen.

Zunächst einmal wollen wir uns über den Sinn des Begriffes einigen. Jedermann steht es frei zu glauben, daß unsere Welt nur eine Illusion, eine Sinnestäuschung, ist. Für den, der sich auf diesen Standpunkt stellt, ist die Magie kein Problem. Hier wird lediglich eine Illusion durch eine andere ersetzt. Wir sind jedoch anderer Auffassung, wir sind davon überzeugt, daß die Welt real existiert und daß die Mittel einer materiellen Einwirkung auf diese reale Welt notwendigerweise technischer Natur sein müssen: Maschinen, chemische Produkte und anderes. Auch der menschliche Körper ist eine Art

»Maschine«, aus der man verschiedene Leistungen herausholen kann. Auf diesem Standpunkt stehen ein J. B. S. Haldane und Arthur C. Clarke. Wenn man ihn übernimmt, heißt es sich entscheiden. Entweder leugnet man systematisch alle Phänomene, die man magisch nennt, oder man sucht sie zu erklären.

Die von uns angeführten Tatsachen – sie sind nur ein kleiner Ausschnitt – können nicht einfach als Ausgeburten der Phantasie betrachtet werden. Wenn es sich aber um Tatsachen handelt, muß man eine Erklärung suchen. Dies werden wir auf drei Wegen tun.

Erste Hypothese: Zufall

Es wäre denkbar, daß die Magie auf Zufall beruht. Nach dieser These hätten die Magier lange Zeit alles mögliche ausprobiert und wären dann zufällig auf ihre Entdeckungen gestoßen. Sie hätten sich ausschließlich durch ihre Phantasie leiten lassen oder wären von Ideen oder Analogien ausgegangen, die keinerlei Beziehung zur Realität der angestrebten Resultate hatten. Diese Erklärung wird vor allem von Gaston Bachelard vertreten. So meinte er, daß »die Erzeugung von Feuer durch Reiben eines Stabes in dem in einem Stück Holz gebohrten Loch durch die Ähnlichkeit dieser Bewegung mit der des Leben und Kraft spendenden männlichen Geschlechtsorgans im weiblichen Organ angeregt« wurde. Aber diese simplifizierende These scheint sich nur auf sehr einfache Techniken anwenden zu lassen. Wenn man die Gewinnung eines pflanzlichen Alkaloids durch komplizierte chemische Vorgänge, die Herstellung von Aluminiumbronze oder Tausende anderer Apparaturen und Produkte, die man in magischen Schriften beschrieben findet, erklären will, kommt man mit der Zufallshypothese nicht weit. Genausogut könnte man sagen, die Erfinder des Flugzeugs hätten nie gewußt, was sie taten, oder hätten lediglich die Sperlinge nachahmen wollen.

Zweite Hypothese: Ein höheres Wissen als die Wissenschaft

Dieser zweite Erklärungsversuch muß alle Wissenschaftler verärgern, wird doch nichts anderes behauptet, als daß die Magie aus Quellen schöpft, die der experimentellen Methode überlegen sind, daß den Magiern in Trance zufiel, was die Wissenschaftler mühselig in einem langsamen Prozeß der Natur zu entreißen versuchen. G. N. M. Tyrrell, der große englische Parapsychologe, schreibt dazu: »Die auflagenstärkste wissenschaftliche Zeitschrift der Welt, *Nature*, trägt das Motto: ›Der wissenschaftliche Geist wendet sich an die solide Quelle der Natur.‹«

Man könnte meinen, daß die Natur als Konkurrenz gefürchtet wird. Allerdings ist es verständlich, daß ein Wissenschaftler, der fünfundzwanzig Jahre lang Pharmako-Chemie studiert hat, zur Verzweiflung kommt, wenn man ihm sagt, daß ein chinesischer Apotheker-Mystiker durch »Erleuchtung« zu besseren Ergebnissen gelangt.

Wir glauben, daß es eine geistige Realität gibt und daß der Kontakt mit dieser Realität zu eigenartigen, noch kaum bekannten Phänomenen führen kann, so etwa zu mystischer Ekstase. Aber liefert diese geistige Realität die ausführliche Beschreibung eines Reverbierofens mit Luftvorheizung, Refraktionskammer und Regenerator? Und doch brauchten die Chinesen solche Öfen, um ihr Aluminium gewinnen zu können. Unserer Meinung nach stützt sich die Magie mehr auf die Technik als auf geistige Realitäten, wenn diese Realitäten überhaupt existieren.

Dritte Hypothese: Uraltes Wissen

Wahrscheinlich muß man eingestehen, daß die Magier stets über technische Informationen verfügt haben. Vielleicht waren diese Informationen verzerrt, bruchstückhaft, aber es waren technische Informationen. Woher stammten sie? Nur eine einzige Quelle dürfte in Frage kommen: untergegangene Kulturen, die auf einer höheren Stufe standen als wir und von denen sich einige Spuren in den Riten und alchimistischen Rezepten erhalten haben.

Diese Hypothese fordert das Protestgeschrei sämtlicher Archäologen heraus. Sie sagen: Man hat doch bis heute keine Spur solcher alten Kulturen gefunden! Was aber ist mit der chinesischen Aluminiumbronze, mit dem Präzisionsmechanismus, den man auf der Insel Antikytheros gefunden hat, mit der Eisensäule von Delhi, die nicht rostet, und mit vielen anderen Funden, die man unter »Verschiedenes« einordnet? Die Batterien von Bagdad wurden lange in einem Museum als »Kultobjekte« geführt. Sir David Brewster hat in einem Grab in Persien optische Linsen gefunden, die besser waren als alles, was man in seiner Zeit herzustellen vermochte. Man könnte die Liste dieser Beispiele unendlich weiterführen. Vielleicht wird einmal der Tag kommen, an dem man zugibt, daß auch Kulturen sterblich sind und Objekte, die man nicht klassifizieren kann, vielleicht wissenschaftliche Instrumente, Fernmeldeeinrichtungen, Bruchstücke einer technischen Anlage oder eines technischen Geräts sind. An jenem Tag werden wir zweifellos die untergegangene Kultur, die sich wie in einem dunklen Glas noch in der Magie spiegelt, als Bestandteil eines gewaltigen Zyklus erkennen ...

So werden wir 1984 leben

Jacques Bergier

Welches Jahr ist uns näher: 1900 oder 2000? Fragt die Menschen auf der Straße; die meisten werden antworten: 2000.

Wie ich unsere Zukunft sehe

Die Zukunft wird bereits vorbereitet; schon kann man sie in ihren Umrissen erkennen, auch wenn natürlich die Einzelheiten sich noch unserer Kenntnis entziehen. In unserem heutigen Leben spielen viele Produkte oder Anlagen eine Rolle, die vor zwanzig Jahren noch nicht einmal einen Namen hatten. Aber in den großen Zügen kann die Zukunft vorausgesehen werden. Die Voraussage wird eintreffen, wenn es nicht zu irgendwelchen Katastrophen von weltweitem Ausmaß kommt, beispielsweise zu einem Atomkrieg.

Auf Grund dessen, was heute bekannt ist, kann man einen Wegweiser für die nächste Zukunft aufstellen, etwa bis zum Jahre 1984. Schon jetzt kann man sagen, daß das Jahr 1984 nicht so sein wird, wie George Orwell es in seinem berühmten Roman geschildert hat. Er hat für diese Zeit eine gnadenlose Diktatur in einer entmenschlichten Welt vorhergesagt. Das wird mit Sicherheit nicht eintreffen, denn die Welt, die in den Laboratorien vorbereitet wird, sieht ganz anders aus.

Die nächste Zukunft wird das Zeitalter der Elektrizität sein. Die möglichen Energieformen sind schon seit langem bekannt, aber die meisten Länder der Erde profitieren davon kaum. Das hat zwei Gründe:

1. Noch können wir Elektrizität nicht konservieren oder sie mit leichten, kleinen Anlagen produzieren.

2. Wir gewinnen Elektrizität durch Umwandlung der in fossilen Brennstoffen (Kohle, Erdöl) enthaltenen Energie. In zwanzig Jahren werden wir uns für diesen Zweck die Energie des Atoms und der Sonne zunutze machen.

Für die Sprache der nahen Zukunft wollen wir uns einige Ausdrücke merken: Brennstoffelement, Sonnenbatterie, Kleingenerator, Kadmium-Nickel-Akkumulator.

Diese Ausdrücke besagen für unser Alltagsleben folgendes: Das Elektromobil wird das Fahrzeug von morgen sein. Es verbraucht

Benzin als Treibstoff, aber auf neue und sparsame Weise. Die freigesetzte Energie des Treibstoffes wird durch den Kontakt mit dem Luftsauerstoff direkt in Elektrizität umgewandelt werden. Deshalb wird dieses Fahrzeug weniger Treibstoff benötigen. Es wird leise und gleichmäßig fahren. Es wird nur eine kurze Bremsstrecke haben, weil man durch Umkehrung der Stromrichtung in den Rädern bremsen wird. Die Bremsen wird man als ganz flache leitende Bänder direkt auf der Straße anbringen.

Die ganze Welt wird von dieser Umstellung auf das Elektromobil betroffen werden, zunächst auf wirtschaftlicher Ebene, weil das Elektromobil eine Industrie retten wird, die bereits mit einem gesättigten Markt zu kämpfen hat. In den Städten wird durch das neue Fahrzeug das Verkehrsproblem gelöst werden. Wahrscheinlich werden keine Privatfahrzeuge mehr fahren dürfen; an ihre Stelle werden in den Großstädten viele kleine Mietfahrzeuge treten, die alle gleich sind und durch Einwurf einer Münze für einen bestimmten Zeitraum in Betrieb gesetzt werden. Ist der Benutzer am Ziel angelagt, kann er das Fahrzeug stehenlassen, wo immer er sich befindet.

Solche Fahrzeuge sind nur für den Stadtverkehr bestimmt. Für den Verkehr außerhalb der großen Städte, besonders auf langen Überlandstraßen, hat das Elektromobil entscheidende Vorzüge. Man kann durch entsprechende Einrichtung Unfälle verhüten und programmierte Fahrten organisieren. Zur Unfallverhütung baut man eine Art Radaranlage ein, die durch den Motorstrom betrieben wird. Programmiertes Fahren bedeutet im Jahr 1984, daß der Fahrer in den Elektronenrechner des Fahrzeugs eine programmierte Karte steckt. Ist er in München und will nach Hamburg, so ist die Karte entsprechend gelocht, und das Fahrzeug legt die Strecke auf dem kürzesten Weg zurück, ohne daß sich der Fahrer darum kümmern müßte. Solche Fahrzeuge hat man in den Vereinigten Staaten auf kurzen Spezialstraßen schon ausprobiert. Einen Führerschein wird man dann nicht mehr brauchen.

Neben dem Elektromobil wird es Tausende von Geräten geben, die den heute üblichen ähnlich sind, Staubsauger, elektrische Bohrmaschinen, Toaster, Bügeleisen usw. Aber sie werden einen enormen Unterschied aufweisen. Sie werden nicht mehr an eine Steckdose angeschlossen, sondern durch eine unabhängige Energiequelle betrieben werden. Die ersten akkumulatorbetriebenen Bohrmaschinen wurden 1963 hergestellt. In zwanzig Jahren werden alle Elektrogeräte von Steckdosen unabhängig sein. Diese »Befreiung« der Elektrizität wird im Alltagsleben Folgen haben, die man sich heute kaum vorzustellen vermag. Die neuen Geräte werden ihre Elektrizität mit Hilfe von Kleinkonvertern oder Brennstoffelementen aus Benzin selbst gewinnen oder einen sektorenweise aufladbaren Kadmium-Nickel-Akkumulator enthalten. Vielleicht werden sie auch in Sonnenbatterien die Sonnenenergie in Elektrizität umwandeln. Alle häuslichen Arbeiten und Vergnügungen werden dadurch wesentlich erleichtert werden. Dann erst wird das Zeitalter der Elektrizität richtig begonnen haben. Mit dem allmählichen Verschwinden des Explosionsmotors wird die Luftverpestung zurückgehen. Man wird Siedlungen mit allem Komfort, eingeschlossen Kühlschränke, Klimaanlagen, Fernsehapparate usw., fern von jedem Kraftwerk an jedem beliebigen Punkt der Erde anlegen können. Ein paar Kanister Benzin, ein Konverter – und schon kann man das letzte Dorf, die letzte Negersiedlung elektrifizieren.

Durch die Elektrizität wird das Leben in den unterentwickelten Ländern völlig umgestellt werden. Man wird Kunstdünger produzieren, Industrien aufbauen können. Die Schlüsselbegriffe hierfür lauten: Kernreaktor, magnetohydrodynamischer Generator. Der Kernreaktor liefert Wärme durch Uranspaltung, der magnetohydrodynamische Generator wandelt diese Wärme direkt in Elektrizität um. Es handelt sich hierbei allerdings um schwere, große Anlagen, die nur bei hohen Kapazitäten rentabel sind. Aber bald wird man sie überall auf der Welt sehen, besonders in den industriell noch rückständigen Ländern. In diesen Ländern werden sie die wichtigsten Energiequellen sein, werden dem Leben einen neuen Aufschwung geben. Die Stufe eines heute als unterentwickelt bezeichneten Landes wird 1984 an der Zahl seiner Energiegeneratoren gemessen werden. Der Export solcher Generatoren wird für die Industrienationen die bedeutsamste Form industrieller Expansion sein, die Konkurrenz auf diesem Sektor die heftigste Form des Kalten Krieges.

Die Wasserschlacht wird gewonnen sein

Auch auf einem anderen Sektor wird sich in zwanzig Jahren der Kalte Krieg abspielen, nämlich im Kampf um das Wasser. Schon heute leidet die Welt Mangel an Trinkwasser. Das wird 1984 noch viel schlimmer sein. Um diesem Mangel zu begegnen, wird man mit Hilfe von Elektrizität aus Meerwasser Trinkwasser gewinnen müssen. Fügen wir unserem Vokabular der Zukunft ein weiteres Wort hinzu: Elektromembran. Eine Elektromembran ist eine elektrisch geladene Pergamentfläche, die Wasser passieren läßt, aber die darin gelösten Salze zurückhält. Beim Meerwasser kann man aus den Rückständen in der Membran Jod, Magnesium, Gold und andere nutzbare Stoffe gewinnen. Riesige Kraftwerke, in denen Kernreaktoren und magnetohydrodynamische Generatoren Strom erzeugen, werden aus dem Meer ganze Flüsse von trinkbarem Wasser pumpen. An den Ufern dieser Flüsse werden Wüsten aufblühen, neue Städte entstehen. Diese künstlichen Trinkwasserquellen werden die Fahne des Landes tragen, von denen sie errichtet wurden, und seine Technik in der Dritten Welt repräsentieren. Wie einst militärische Siege werden dann die von einem Land geschaffenen Trinkwasserquellen Zeugnis ablegen von seiner Macht und seinem Fortschritt.

1964 begannen die Sowjets mit dem Bau einer riesigen Anlage zur Entsalzung des Kaspischen Meers bei Schewtschenko. Sie soll täglich 25 Millionen Gallonen Trinkwasser liefern und soll durch den größten Kernreaktor der Welt betrieben werden, den gigantischen BR-250. Schon haben die Amerikaner die Herausforderung angenommen und planen noch größere Anlagen für Israel, Ägypten, Kuwait, die mexikanischen Wüsten, Nordafrika. Dem Menschen von 1984 werden diese Entsalzungsanlagen ebenso vertraut sein, wie uns die großen Stahlwerke oder Kraftwerke unserer Zeit ein vertrauter Anblick sind. Ihre mächtigen nichtrauchenden Schornsteine (Schornsteine braucht man, damit die Kühlgase der Reaktoren entweichen können) werden daran erinnern, daß die Reserven unseres Planeten nicht unbegrenzt sind und die schwerwiegenden Probleme der Überbevölkerung stets drohend am Horizont stehen. Denn auch 1984 wird die Bevölkerungsexplosion noch lange nicht zum Stillstand gebracht sein.

Wie wird man keine Nummer?

Das Hauptproblem wird darin bestehen, das Gleichgewicht zwischen dem einzelnen und der Gesellschaft zu wahren, dafür zu sorgen, daß der einzelne nicht zu einer bloßen Nummer wird.

Der Mensch von 1984 wird zuerst einmal eine zehnstellige Zahl sein. Diese Zahl trägt er zeit seines Lebens. Sie ist mit magnetischer Farbe auf einen Ausweis gedruckt, deren Vorzeigen genügt, damit er bei jeder Bank der Erde Geld abheben kann. Die Zahl erlaubt es auch, ihn jederzeit telefonisch zu erreichen, wo immer er sich aufhält, wenn er seine neue Adresse seiner Telefonzentrale mitgeteilt hat. Die Zahl ist so chiffriert, daß sie seine Blutgruppe angibt, das Wichtigste seiner medizinischen Vorgeschichte, sein Verhalten als Staatsbürger. Man braucht nur Interpol die Zahl eines verdächtigen Übeltäters mitzuteilen, und schon sind ihm alle Transportmöglichkeiten genommen. Riesige Elektronenrechenanlagen haben für jede Nummer entsprechende Informationen gespeichert, geben also in Sekundenschnelle Auskunft über Beruf, Lebensverhältnisse und vieles andere. Die Weltgesundheitsbehörden und andere internationale Organisationen werden zu diesen »magnetischen Akten« Zugang haben. Mit seiner Nummer ist der Mensch von 1984, ob Mann oder Frau, ein Weltbürger. Aber er will mehr sein als lediglich eine Nummer. Er will sich gegen die Gesellschaft wehren können, die sich seiner zwar väterlich annimmt, aber zu neugierig, zu mächtig ist. So wird man in den Unterhaltungen des Jahres 1984 immer wieder ein Wort hören: »Ombudsman«. Der Ombudsman ist die revolutionärste soziale Erfindung des 20. Jahrhunderts, revolutionärer noch als der Kommunismus. Die Erfindung stammt aus den skandinavischen Ländern. Der Ombudsman ist in Skandinavien ein Beamter, der den einzelnen gegen die Regierung verteidigt. Er wird von einer kleinen Gruppe von Bürgern gewählt, ist unabsetzbar, unbestechlich. Wer sich durch die Gesellschaft verletzt oder benachteiligt fühlt, durch übermäßige Besteuerung, willkürliche Verurteilung, Ausstoßung, Verweigerung eines Passes, wendet sich an den Ombudsman. Dieser nimmt sich kostenlos seiner an, vertritt seine Rechte gegenüber der Gesellschaft und vor Gericht.

In den skandinavischen Ländern wird darüber diskutiert, wie viele Ombudsmen notwendig sind. Im Gespräch ist je ein Ombudsman für 6000 Bürger. Die englischen Liberalen haben die Einführung des Ombudsman in Großbritannien auf ihr Programm gesetzt. 1964 haben die Sowjets ihr Interesse an dieser Einrichtung bekundet. 1984 werden sich alle, die nicht nur eine Nummer, sondern einen Namen haben wollen, an ihren Ombudsman wenden. Damit wird die so besitzergreifende Gesellschaft endlich ein Gegengewicht gefunden haben. Wer sich verfolgt fühlt, sucht sein Recht beim Ombudsman.

Aber damit sind die Probleme der Gesellschaft noch nicht gelöst. Wenn es, wie die besten Geister von 1984 hoffen, zur Schaffung einer Weltregierung kommt, wer wird dann die Wächter überwachen? Werden sich die Ombudsmen, geachtete lokale Verwaltungsbeamte, diesem Organismus widersetzen können, der mächtiger sein wird als alle Diktatoren früherer Zeiten, der den Planeten kontrollieren, über riesige Elektronengehirne verfügen, über die Techniken psychologischer und psychochemischer Kontrolle bestens Bescheid wissen wird? Wenn er seine für ihn nicht lesbare Lochkarte betrachtet, die ihm gleichzeitig als Paß, als Scheckbuch und als Gesundheitspaß dient, wird sich der Mensch von 1984 solche Fragen stellen. Auch die zukünftigen Angehörigen einer Weltregierung, die Organisatoren und Spezialisten werden sie stellen. Und in ihren Gesprächen wird ein Begriff auftauchen: »die Stine-Kurve«.

Werden wir unsterblich?

Harry Stine, Raketenspezialist und Science-fiction-Autor, hat sich in der Zeit zwischen 1950 und 1960 damit befaßt, die Kurven zu berechnen, die als Funktion der Zeit die Geschwindigkeit von Fahrzeugen, die Energieproduktion und die Dichte der Verkehrs- und Nachrichtennetze wiedergeben. Wie André de Cayeux und François Meyer in Frankreich wollte er die Beschleunigung der Geschichte erforschen. Auf diese Weise konnte er die Sputniks ebenso vorhersagen wie die Mehrzahl der großen Errungenschaften auf technologischem Gebiet. Er hat andere Kurven aufgestellt, besonders die Kurve der Lebensdauer. Und diese Kurve zeigte eine erstaunliche und sogar erschreckende Tatsache: Ein im Jahr 2000 geborenes Kind hat gute Aussichten, überhaupt nicht zu sterben. Die Kurve der Lebensdauer steigt im Jahre 2000 steil an und tendiert ins Unendliche.

1984 wird diese Entwicklung schon in greifbare Nähe gerückt sein. Die Entzifferung des genetischen Code, die Entdeckungen im Bereich der Chemie des Lebens bringen den Augenblick nahe, da die Unsterblichkeit zur Realität wird – zumindest für manche Menschen. Denn für die Wissenschaftler von 1984 wird es klar sein, daß sie einem im Jahr 2000 geborenen Kind zeitlebens etwa fünfzig erstklassige Biologen beigeben und einige Milliarden aufwenden müssen, um die Lebensdauer dieses Kindes auf mehrere Jahrhunderte oder ein Jahrtausend verlängern zu können, ihm also nach menschlichen Maßstäben ein unendliches Leben zu schenken, wobei dieser Auserwählte körperlich im Zustand eines 50jährigen gehalten würde.

Wer wird die Kinder auswählen, denen eine solche Vorzugsbehandlung zuteil wird? Diese Frage ist besonders brennend, wenn man den Kreis eng begrenzen muß, im 21. Jahrhundert vielleicht auf ein Dutzend. Wird dieses Recht der Weltregierung zustehen? Wer kann deren Angehörige daran hindern, ihren eigenen Kindern die Unsterblichkeit zu verschaffen? Die öffentliche Meinung? Sie läßt sich leicht beeinflussen. Die Ombudsmen? Sie sind nur mit lokalen Problemen vertraut. Schon beginnt der Schatten der Unsterblichkeit mit allen Konflikten, die sie erzeugen kann, auf der Menschheit zu lasten.

Dennoch wird es zum gegebenen Zeitpunkt solche Unsterblichen geben. Es wird mehrerer Jahrhunderte bedürfen, um all das Wissen zu assimilieren, das Tag für Tag erworben wird. Es wird auch mehrere Jahrhunderte dauern, bis man mit Fliegenden Lampen, durch Licht angetriebene Raumschiffe, an deren Entwicklung man arbeitet, die Sterne außerhalb unseres Sonnensystems erreichen wird. Die Unsterblichen sind notwendig, aber wie soll man sie unter den Sterblichen auswählen? Dies wird 1984 die große Frage sein, die in allen intellektuellen Diskussionen wiederkehrt.

Probleme, die sich von selbst gelöst haben

Dennoch ist die Menschheit von 1984 nicht beunruhigt. Sie hat schon zu oft erlebt, wie sich Probleme von selbst erledigt haben. Der Kampf zwischen Kommunismus und Kapitalismus ist beendet. Beide Gesellschaftsformen existieren nebeneinander, genauso wie die Religionskriege von einst längst vergessen sind. Ein Protestant konnte 1964 ungefährdet durch die Straßen von Paris gehen, ein Katholik blieb in Genf unbehelligt. Ein eingeschriebenes Mitglied der Kommunistischen Partei wird 1984 ebenso frei durch New York wandeln können, der Propagandist eines aggressiven Neokapitalismus wird 1984 in Moskau ungeschoren bleiben. Man braucht nur seine Weltnummer und seine ordnungsgemäße Magnetkarte. Solange die Magnetinschrift zeigt, daß das Konto gedeckt ist, werden die New Yorker Banken Dollars und die Moskauer Banken Rubel auszahlen.

Auch das Freizeitproblem wird – durch Privatinitiative – gelöst sein. 1964 war dieses Problem für die Philosophen und die menschenhassenden Literaten vordringlich. Besonders jene Leute, die Jugend, Freiheit und Schönheit verachten, haben bis zum Überdruß wiederholt, daß der Mensch ein Zeitalter der Muße nicht ertragen könne, daß die 30-Stunden-Woche eine Katastrophe sei, daß die Jugend verrückt werden würde. Das gleiche hatte man im 19. Jahrhundert über die 52-Stunden-Woche gesagt. Auf die 30-Stunden-Woche von 1972 wird 1984 die 24-Stunden-Woche folgen. Zu einer Katastrophe wird es nicht kommen. Vielmehr wird die Freisetzung der während des Urlaubs und der Freizeit gespeicherten Energien zu einer der großen intellektuellen Revolutionen der Menschheit führen. Eines der Schlüsselworte von 1984 wird »Lansi« heißen.

Schon 1940 wurde man sich darüber klar, daß keine auf der Erde gesprochene und geschriebene Sprache für den wissenschaftlichen Unterricht wirklich geeignet war. Benjamin Lee Whorf hat deutlich gemacht, daß die östlichen Sprachen wie Russisch und Chinesisch nicht dem realen Universum entsprechen, dem Universum der Relativität und der Quanten.

Die Sprache der Wissenschaft für jedermann

Deshalb ist die wissenschaftliche Kultur erst nach der Erfindung von »Lansi« für jeden möglich geworden, der »langage scientifique«, der wissenschaftlichen Sprache.

Die Erfinder dieser Sprache haben sehr geschickt die Arbeiten von Benjamin Lee Whorf, die Untersuchungen von Gilbert Cohen-Séat über rein rationale Sprachen wie Loglan, Untersuchungen über Kommunikationssprachen zwischen Mensch und Maschine (Cobo, Algol) und Gérard Cordonniers Ideen über die Metasprache miteinander kombiniert. So entstand in den siebziger Jahren Lansi, die der Welt gemäße wissenschaftliche Sprache. Sie kennt weder Haupt- noch Zeitwörter. Sie beschreibt die Ereignisse im Raum-Zeit-System und gibt ihre Wahrscheinlichkeit an. Man braucht höchstens fünfzehn Jahre, um Lansi zu beherrschen, und kann dann die ganze riesige wissenschaftliche Literatur lesen.

Ein in Lansi geschriebenes populärwissenschaftliches Werk bleibt von selbst im Gehirn hängen, wird sofort aufgenommen und verstanden. Auf geistiger Ebene ist Lansi das Äquivalent der mit Hilfe von Feuer zubereiteten Nahrung. Die alten Unterrichtsmethoden sind mit der Kost der Menschen vor Bezwingung des Feuers zu vergleichen, die so schwer verdaulich war. Die in Lansi übertragene Wissenschaft kann sofort verarbeitet werden. Radiochemische Druckmethoden erlauben die billige Herstellung und kostenlose Verteilung von Milliarden von wissenschaftlichen Arbeiten. Sie sind jedermann zugänglich. Jeder normale Mensch liest leidenschaftlich gern Lansi und hat sich das Wissen der Welt erschlossen. Die Muße, der radiochemische Druck und Lansi haben die ganze Menschheit unglaublich weit vorangebracht. Nur die Erfindung der Schrift stellte einen ebenso revolutionären Umbruch dar.

Natürlich hat Lansi auch Probleme aufgeworfen. Das schwierigste Problem bilden die geistig zurückgebliebenen Menschen. Wer sich Lansi und die Reichtümer der Wissenschaft erschließen will, muß einen Intelligenzquotienten von mindestens 80 haben (der Durchschnitt ist 100). Die Einführung von Lansi stellte die Menschheit auf eine harte Probe. Man mußte erkennen, daß die Zahl der Menschen mit einem Intelligenzquotienten unter 80 weit größer war, als man angenommen hatte, vor allem in den hochindustrialisierten Ländern. Diese vom Fortschritt abgeschnittenen Menschen stellen eine Minderheit dar, deren Schicksal höchst unerfreulich ist. Eine Minderheit, die gern ihrem Schicksal entrinnen möchte. Eine Minderheit, die nur allzu oft Scharlatanen zum Opfer fällt.

1984 vergeht keine Woche, ohne daß die Weltgesundheitsbehörde vor Pillen warnt, die eine Intelligenzsteigerung bewirken sollen, in Wirklichkeit aber nutzlos und oft sogar krebserzeugend sind. Neue pseudoreligiöse Kulte, pseudohypnotische Methoden versprechen eine Hebung der Intelligenz, so daß Lansi jedermann zugänglich wird. Annoncen bieten die diskrete Zusendung von Intelligenzsteigerungskursen an. All das ist nichts als Schwindel. In sehr seltenen Fällen ist es gelungen, die Intelligenz durch Inhalieren von positiven Ionen zu heben (die Methode wurde in den sechziger Jahren von Dr. Dussert de Bergerac entwickelt). Aber das hilft nur unter ganz besonderen Umständen. Es sieht so aus, als ob die Menschheit zweigeteilt wäre. Man will erreichen, daß alle Menschen völlig gleich geboren werden, aber leider ist das für den Augenblick noch nicht zu verwirklichen.

Neue Wissenschaften

Wird es zu einer Sättigung kommen? Wird das wissenschaftliche Interesse nur eine vorübergehende Mode sein? Das kann heute noch niemand sagen. Sicher ist nach den ab 1980 durchgeführten Meinungsumfragen, daß sich das Interesse immer mehr nach innen verlagert, hin zu den Geheimnissen der menschlichen Persönlichkeit. Die Wunder der äußeren Welt, das Phantastische der Realität scheint die Massen weit weniger zu berühren.

Die Entdeckung des untergegangenen Atlantis, die in Mondhöhlen vorgefundenen Formen primitiven Lebens, die phantastischen Reichtümer in den toten Städten auf dem Mars, all das hat nur die Jugend begeistert. Dagegen interessiert man sich allgemein leidenschaftlich für Telepathie, kollektives Unterbewußtsein, mystische Ekstase usw. Die größten Wissenschaftler sind gern bereit, sich an kontrollierten parapsychologischen Experimenten zu beteiligen. Seit es gelungen ist, zwischen Erde und Mond eine telepathische Verbindung herzustellen, zweifelt niemand mehr an der Realität der Parapsychologie. Der große Name der Zeit ist C. G. Jung.

Schicksalhafte Wissenschaft

Immer mehr Wissenschaftler suchen nach dem Beweis der Synchronizitätstheorie, die einst C. G. Jung und der Nobelpreisträger Pauli aufgestellt haben. Diese Theorie, die der alten Schicksalsidee einen wissenschaftlichen Sinn verleiht und besagt, daß jeder sein durch genetische und soziale Faktoren bestimmtes Geschick meistern kann, bildet gleichsam die Achse ganz neuer Wissenschaften, in denen sich Kosmobiologie, Psychologie und Mathematik zusammengefunden haben. Die Jugend träumt davon, Kosmobeobachter oder Destinologe zu werden. Diese Berufe sind zwar sehr wichtig, aber sie bilden die innere, die wichtige Grenze der Wissenschaft.

Die Kernphysik hingegen hat einen neuen Beruf ins Leben gerufen, den Beruf des Kerntechnikers, der wie jeder andere seine 24-Stunden-Woche hat. Auch die mathematische Forschung ist zur Routine geworden, ein solider Beruf, der aber nicht mehr zu begeistern vermag. Die neuen Wissenschaften, in denen sich mathematische Physik und Psychologie verbinden, ziehen die besten Geister an und wecken intolerante Leidenschaften.

Daß sich der Mann und die Frau auf der Straße von Entdeckungen wie der Synchronizität und der Schicksalsanalyse angesprochen fühlen, geht darauf zurück, daß dies in ihnen religiöse Emotionen weckt. Noch mehr aber überrascht den Beobachter von 1984 die Entstehung neuer Religionen, die sich auf die alten Religionen stützen, was übrigens die traditionellen Gläubigen stark beunruhigt.

Ein neuer Religionskrieg

Der in den fünfziger Jahren von dem Indonesier Pak Subud gegründete Subud hat sich über die ganze Welt verbreitet. In Indonesien hat der Subud 1984 mehr Anhänger als der Islam. In der kommunistischen Welt hat der Subud vor allem in China und im sowjetischen

Zentralasien viele Gläubige gewonnen. In Afrika ist er die dominierende Religion.

In der alten islamischen Welt hat die Bahai-Religion trotz aller Unterdrückungsmaßnahmen stark zugenommen und den ganzen Mittelmeerraum für sich gewonnen; gleichzeitig hat diese Religion ihre Position in Großbritannien und in den Vereinigten Staaten erheblich verbessert.

In Nordamerika, in Skandinavien und – merkwürdigerweise – in Italien hat der Kult der Großen Galaktiker, den man zuerst für eine mit den fliegenden Untertassen verbundene Torheit hielt, einen unvorhergesehenen Aufschwung genommen und zählt 1984 zwischen 5 und 6 Millionen Anhänger. Nach den Lehren dieses Kultes sollen Abgesandte der Galaktischen Föderation auf die Erde kommen, jene Wesen, die die von den Radioteleskopen entdeckten Signale ausgesandt haben. Die Anthropologen vergleichen diese neue Religion mit dem polynesischen Cargo-Kult. Die Satiriker machen sich darüber lustig. Und doch steht fest, daß 1984 etwa 6 Millionen Menschen an die Ankunft der Großen Galaktiker in ihren interstellaren Raumschiffen glauben, und das trotz aller Behauptungen der Wissenschaft, daß der interstellare Raum für ein kurzlebiges Wesen wie den Menschen nur schwer überwindbar sei. In Indien haben sich neue Religionen, die auf den Erfahrungen des rassischen Bewußtseins basieren und die alten Reinkarnationskulte neu beleben, auf Kosten der alten Religionen ausgebreitet.

Ökumenische Kongresse zielen auf einen Zusammenschluß der traditionellen Religionen ab, um den Kampf gegen die neuen Religionen bestehen zu können. Historiker, Psychologen, Soziologen befassen sich mit den neuen Religionen, ihren Ursachen und den Gründen ihrer Macht. Mystiker leugnen ihre Echtheit und lassen nur die klassischen Offenbarungen gelten: Moses, Jesus, Mohammed. Die Rationalisten sind 1984 völlig von der Bildfläche verschwunden. Wären sie noch da, würden sie in der Ausbreitung neuer Religionen ein Zeichen menschlicher Degeneration sehen.

Drogen, Zeit und Raum

Alle Welt ist sich darüber einig, daß von einer bestimmten täglichen Kalorienmenge ab – in der Größenordnung von 3000 Kalorien – in Verbindung mit einer bestimmten Mußezeit, etwa zwei volle Tage wöchentlich, ein Bedürfnis nach dem Wunderbaren auftritt, nach dem, was Jung als die »Vitamine der Seele« bezeichnet hat. Dieses Bedürfnis manifestiert sich schon heute in Kalifornien sehr deutlich. 1984 wird es in der ganzen Welt auftreten. Die Wissenschaft vermag es ebensowenig zu befriedigen wie die Science-fiction oder die traditionellen Religionen. Werden die neuen Religionen es befriedigen? Diese Frage drängt sich auf.

1964 waren die Menschen nach Aldous Huxleys brillanten Büchern *»Himmel und Hölle«* und *»Die Pforten der Wahrnehmung«* der Überzeugung, daß entsprechende Drogen das Leben so bereichern könnten, daß der unbekannte Gast, den man nach Belieben Seele, Bewußtsein oder Psyche nennen kann, die Vitamine erhält, deren er bedarf.

1984 glaubt man kaum mehr daran. Psylocybin und Meskalin haben sich als weit gefährlicher und suchterzeugender erwiesen, als man früher angenommen hatte. Seither hat man zu Hunderten andere synthetische Drogen geschaffen, aber keine von ihnen ist harmlos und unschädlich. Deshalb wurde ihr Gebrauch gesetzlich verboten; nur unter ärztlicher Kontrolle dürfen sie genommen werden.

Dennoch ist nicht zu leugnen, daß einige dieser Drogen ungewöhnliche Eigenschaften zu haben scheinen, daß sie auch parapsychologische Fähigkeiten wecken. Mindestens hundert Patienten haben drei Jahre zuvor im Traum das große chilenische Erdbeben von 1978 erlebt. Alle diese Patienten standen unter dem Einfluß von LSD. Andere Experimente dieser Art haben ergeben, daß man nach der Einnahme bestimmter Drogen im Traum die Vergangenheit, die Zukunft und vielleicht sogar andere Welten sieht. Dies ist eines der erregendsten Abenteuer des Jahres 1984. Man meldet sich freiwillig für Tests neuer Drogen, wie man sich 1964 als Freiwilliger bei den Raumfahrtbehörden meldete. Manche dieser Freiwilligen haben ihr Leben gelassen, andere sind wahnsinnig geworden. Die Überlebenden aber haben Szenen einer nachprüfbaren Vergangenheit geschildert oder haben Zukunftsvisionen erlebt, die sich zum Teil bereits erfüllt haben, oder sie konnten andere Welten beschreiben, die vielleicht irgendwo existieren. Diese Welten tauchen in den Träumen von Versuchspersonen auf, die keinerlei Verbindung zueinander haben. Wahrscheinlich entspricht jede Welt einer bestimmten Droge. An dieser »inneren Grenze« erwartet man die großen Entdeckungen, die die Welt von 1984 erschüttern werden.

Der Mensch ist nicht mehr unzufrieden

Was erhofft man 1984? Zwischen 1980 und 1984 haben das Weltfernsehen und mehrere große Zeitschriften eine weltumspannende Umfrage durchgeführt, bei der 700 Millionen Menschen (zu gleichen Teilen Männer und Frauen) befragt wurden. 90 Prozent der Befragten äußerten die Hoffnung, einen Beweis für die Unsterblichkeit oder die Reinkarnation zu erhalten. Alle waren sich darin einig, daß »so etwas Herrliches wie die menschliche Person« nicht einfach verschwinden könne wie ein Loch in einem Stück Papier, wenn man das Papier verbrennt. Aber 1984 ist diese Hoffnung noch durch keine parapsychologische Entdeckung, durch keines der Drogen-Experimente gerechtfertigt. Dennoch ist sie lebhaft und allgemein verbreitet. Vielleicht erklärt sie die Ausbreitung neuer Religionen, da die alten nie die Unsterblichkeit zu beweisen vermochten.

Auf der Ebene des Realen stehen 1984 zwei Möglichkeiten physischer Unsterblichkeit offen: Unsterblichkeit für eine kleine Zahl von Kindern, die eine Sonderbehandlung erfahren, und die Unsterblichkeit durch Hibernation für jene, die es wagen wollen, in flüssigem Helium einen jahrhundertelangen Schlaf anzutreten. Aber keine dieser Möglichkeiten vermag wirklich zu befriedigen, und so hofft der Mensch von 1984, daß die neue Wissenschaft fertigbringen wird, was die alten Wissenschaften und Religionen nicht erreichten: ihm zu beweisen, daß es ein anderes Leben gibt. Indessen ist er nicht mehr mit dem Leben unzufrieden, das er führt.

Kriegsspiele mit Elektronenrechnern Jacques Bergier

»Der General, der eine Schlacht gewinnen will, stellt vor der Schlacht in seinem Tempel zahlreiche Berechnungen an.«
Der chinesische General Sun Tsu, 500 v. Chr.

Eine verrückte Welt

Als die Vereinigten Staaten 1917 in den Ersten Weltkrieg eintraten, sah sich die Regierung vor schwierigen Problemen. Eine erste Schätzung hatte ergeben, daß 500000 Amerikaner wehrdiensttauglich waren. Nun galt es zu entscheiden, wann man sie mobilisieren sollte. Es war zwecklos, sie zu früh einzuziehen, und wenn man sie zu spät mobilisierte, konnte das zu einer Katastrophe führen. Man legte das Problem mehreren Statistikern und Mathematikern vor, die widersprüchliche Lösungen vorschlugen. Endlich betraute man den Colonel Leonard P. Ayres, einen Armeestatistiker, mit der Aufgabe. Ayres legte dem Präsidenten der Vereinigten Staaten einen Bericht vor, in dem er ausführte, daß er nach genauen mathematischen Berechnungen zu dem Schluß gekommen sei, eine Mobilisierung in der ersten Septemberwoche 1917 sei am günstigsten. Tatsächlich klappte alles recht gut. Niemand hat je Colonel Ayres gefragt, wie er zu seinem Schluß gelangt war, und er hat seine Methode erst am 4. Mai 1940 vor Offiziersschülern bekanntgegeben, als der Zweite Weltkrieg auf die Vereinigten Staaten zukam.

Die Methode des Colonel Ayres hatte darin bestanden, den Zeitpunkt zu berechnen, an dem es in den Rekrutierungslagern für jeden Rekruten eine Uniformhose gab, da er dieses Bekleidungsstück als Mindestbedarf zur Aufstellung einer Armee ansah. Die ihm unterbreiteten verschiedenen Berechnungen hatte er einfach nicht berücksichtigt.

Die Hosen des Obersten Ayres gelten allgemein als erstes Beispiel einer Operations Research, einer Unternehmensforschung, das heißt die Anwendung verfeinerter analytischer Methoden zur Untersuchung von Phänomenen, die zu kompliziert sind, als daß die nur im geometrischen Geist denkenden Mathematiker sie analysieren könnten. Die Unternehmensforschung und ihre Vervollkommnung, die man generell als Systemanalyse bezeichnet, hat in den

Vereinigten Staaten eine erstaunliche Bedeutung gewonnen. In den letzten Jahren sind dort regelrechte Kriegslaboratorien entstanden, in denen Menschen und Maschinen imaginäre Schlachten schlagen, mit denen allerdings weniger ein tatsächlich ausbrechender Krieg gewonnen als vielmehr ein möglicher Krieg verhindert werden soll. Diese Laboratorien werden von der Rand Corporation (Rand = Research and Development) kontrolliert, der außergewöhnlichsten privaten Organisation auf unserem Planeten. Bis in jüngster Zeit war Rand durch die militärische Geheimhaltung praktisch hermetisch von der Außenwelt abgeriegelt. Ein Zipfel des Schleiers wurde durch das Buch *»Analysis for Military Decisions«*, hrsg. von Edward S. Quade, gelüftet. Die Autoren sind zu zahlreich, als daß sie hier einzeln genannt werden könnten; sie alle gehören der Rand Corporation an. Dennoch gibt das Buch weder die offizielle Meinung der Rand Corporation noch die der amerikanischen Luftwaffe wieder, die durch die Rand Corporation beraten wird. Mit dieser Einschränkung ist es eine außergewöhnlich reine Informationsquelle, die ich bei der Abfassung meines Aufsatzes ausführlich zu Rate gezogen habe; ohne dieses Buch wäre meine Arbeit wohl nicht entstanden.

Marsbewohner landen auf der Erde

Wie man noch sehen wird, fehlt es in der Arbeit der Rand Corporation weder an Phantasie noch an Humor. Dennoch handelt es sich um sehr ernsthafte Überlegungen, von denen der Fortbestand der Menschheit abhängen kann. Ziel der Untersuchungen ist es, den zufälligen Ausbruch eines von niemandem gewünschten Krieges zu verhindern, in den durch eine Verkettung unglücklicher Zufälle andere Staaten hineingezogen werden könnten. Es geht darum, eine Vernichtung der Vereinigten Staaten und damit der Erde zu verhindern. Die Spezialisten füttern die Elektronenrechner nicht nur mit präzisen, genau bekannten Informationen, sondern auch mit einer Reihe von Informationen, die das Unbekannte, den Zufall repräsentieren. Diese Gesamtheit von Informationen, die für eine einzige Rechenoperation aus mehreren tausend Lochkarten bestehen kann, wird »Monte Carlo« genannt.

Wer mit solchen Gefahren belastete Forschungen betreibt, hat von Zeit zu Zeit ein verständliches Bedürfnis nach Entspannung. Eine der Untersuchungen gilt dem Projekt, das – nach den Verfassern – derzeit von ihren Kollegen auf dem Mars ausgearbeitet wird. Es handelt sich um den Plan einer Invasion der Erde mit fliegenden Untertassen, die auf dem Mars hergestellt werden sollen. Dieses unwahrscheinliche Problem ist typisch für die Arbeiten, die man in diesen Laboratorien durchführt. Zunächst bestimmen die Mathematiker der Rand Corporation die Kurve der mutmaßlichen Untertassenproduktion auf Grund der Kosten und der verfügbaren Arbeitskräfte. Dann werden die Untertassen per Schiff – vermutlich auf den Marskanälen – zu den Lagerplätzen gebracht. Also ist ein logistisches Problem zu lösen. Man muß die Flugkurven der Untertassen in den verschiedenen Schwerefeldern der Erde berechnen und auch die Gravitationsfelder des Mars und der Satelliten von Erde und Mars berücksichtigen. In diesem Stadium der Berechnung kann die Untertasse durch einen Punkt ersetzt werden.

Ist jedoch die Untertasse erst einmal in die Erdatmosphäre eingetaucht, wird das Punktbild des Raumschiffes unbrauchbar und muß von einem aerodynamischen Modell abgelöst werden. Wenn die Untertasse in der Erdatmosphäre durch Radar entdeckt ist und Flugzeuge aufgestiegen sind, um den Flugkörper abzufangen, muß das Modell laufend verändert und verbessert werden. Dieses Problem scheinen die Mars-Kollegen der Männer von der Rand Corporation ausgezeichnet gelöst zu haben, denn bis heute hat man noch keine Mars-Untertasse abschießen oder zur Landung zwingen können. Dieses Beispiel macht deutlich, daß man in diesen Laboratorien nicht nur den Krieg studiert, den sich Menschen liefern können, sondern auch jenen, der durch möglicherweise noch unbekannte Gegner ausgelöst werden könnte.

Zerlegt die Flugzeuge, um sie zu schützen

Selbstverständlich ist es strengstens verboten, die Berichte über die imaginären Kriege zu veröffentlichen, die die Techniker von der Rand Corporation in jüngster Vergangenheit ausgetragen haben. Dazu dreht sich die Welt zu schnell. Noch vor kurzem war die wichtigste Waffe das Flugzeug. Die von der Rand Corporation freigegebenen Dokumente beschreiben einige imaginäre Kriege vor mehr als zehn Jahren. Gleich anfangs sei festgehalten, daß die Mehrzahl dieser Kriege des Jahres 1956 verloren worden wären. Die meisten amerikanischen Luftbasen lagen den sowjetischen Basen zu nahe, als daß sie vor einem Angriff rechtzeitig hätten gewarnt werden können. Dies beweisen die Schaubilder und Schilderungen ganz eindeutig. Man mußte das Problem völlig neu durchdenken und es zu diesem Zweck zunächst einmal neu definieren. Es galt, die amerikanischen Bomber möglichst unverwundbar zu machen, ohne ihre Einsatzfähigkeit zu beeinträchtigen. Einige der durch mathematische Analyse gefundenen Lösungen erinnern mit ihrem schwarzen Humor an die unvergeßlichen Passagen aus dem Film »Doktor Falamour«. Einer der Mathematiker machte, unterstützt von Elektronenrechnern, den Vorschlag, die Flugzeuge des strategischen Luftkommandos am besten dadurch vor sowjetischen Überraschungsangriffen zu schützen, indem man sie zerlege und irgendwo in der Antarktis vergrabe. Unglücklicherweise hätten sie aber dann gegen den Feind nichts mehr ausrichten können.

Eine andere Lösung sah vor, die amerikanischen Bomber dadurch zu schützen, daß man sie ständig in der Luft ließ und sie im Flug durch Tankflugzeuge vom Typ KB 36 auftankte. Aber dafür hätte man 1700 Tankflugzeuge gebraucht, weit mehr, als den Amerikanern zur Verfügung standen. Dennoch hat man zumindest partiell diese Lösung tatsächlich übernommen, wie heute allgemein bekannt ist. Eine bestimmte Zahl von US-Bombern mit Atombomben ist ständig in der Luft. Auf sowjetischer Seite verfährt man gleichermaßen.

Um alle Möglichkeiten eines sechzigstündigen Luftkrieges bei Beteiligung von Luftstreitkräften der Sowjetunion, der Vereinigten Staaten und der beiderseitigen Verbündeten zu erfassen, muß eine IBM-704 sechs Stunden lang pausenlos Rechenoperationen durchführen. Man füttert den Elektronenrechner mit allen möglichen Ausgangspositionen für jede der Seiten. Dazu gehören besonders die Stärke der Luftstreitkräfte (Bomber, Tankflugzeuge, Transportflugzeuge, Jäger), Flugplätze, Verteidigungsanlagen (Radar, Luftabwehr, Jagdflugzeuge). Ferner wird eine Reihe von Aktionsplänen für jede Partei berücksichtigt. Diese Pläne ähneln strategischen Tabellen. Sie beachten die Stärke der an verschiedenen Orten möglicherweise auftauchenden Streitkräfte und bieten mehrere Aktionsvarianten. Wenn einmal alle Gegebenheiten gefüttert sind, beginnt die Maschine mit dem eigentlichen Krieg, der ohne Unterbrechung abläuft. Für einen solchen Kampf von sechzig Stunden braucht man ungefähr 150000 verschiedene Lochkarten.

Im Jahre 1956 gelang es der Rand Corporation nach zahllosen Rechenoperationen, einen imaginären Krieg gegen die Sowjetunion zu gewinnen. Der Sieg wurde dadurch ermöglicht, daß man zahlreiche Luftbasen im Ausland benutzte. Nur ein Teil dieser Basen war zu einem gegebenen Zeitpunkt belegt, und die amerikanischen Bomber wurden rasch von einer Basis zur anderen verlegt, so daß die Sowjets nur einen Teil der Bomber vernichten konnten. Erinnern wir uns, daß in der Wirklichkeit General de Gaulle am 13. Mai 1958 in Frankreich an die Macht kam und bald darauf erreichte, daß die amerikanischen Stützpunkte für Atombomber auf französischem Boden geräumt wurden. Haben ihm vielleicht seine wissenschaftlichen und militärischen Berater gesagt, daß die Länder mit amerikanischen Bomberbasen auf ihrem Boden unter allen Umständen im Fall eines kriegerischen Konflikts zwischen den Weltmächten als erste zerstört würden?

Ein anderer sehr außergewöhnlicher imaginärer Krieg ging von der Idee aus, man müsse die Sowjets dadurch in eine Falle locken, daß man sie glauben machte, das strategische Luftkommando sei verwundbar. Die Russen wären dadurch vielleicht veranlaßt worden, mit ihren ganzen Luftstreitkräften die in Amerika befindlichen Basen des strategischen Luftkommandos anzugreifen. Man hätte die sowjetischen Flugzeuge durch Abfangjäger und Flak vernichtet, und dann wären die Amerikaner unangefochtene Herren der Erde gewesen. Eine gründliche Analyse des Plans zeigte jedoch einen gravierenden schwachen Punkt: Da die Russen sich wie alle Menschen irren konnten, war es denkbar, daß sie bei ihrem massiven Angriff die Luftbasen und die ringsum angelegten Fallen verfehlten und statt dessen Städte wie Washington, New York und Los Angeles dem Erdboden gleichmachten. Danach hätten laut mathematischer Logik die Sowjets den Krieg nur noch bis zum Endsieg weiterführen müssen. Aus diesem imaginären Krieg zog man die Lehre, daß man zuerst Milliarden von Dollars hätte ausgeben müssen, wollte man die Russen übers Ohr hauen, um dann zu merken, daß die Vereinigten Staaten dem Untergang geweiht waren.

Die Methoden der Rand Corporation haben zumindest den Vorzug, daß man größere Katastrophen vermeidet, indem man mit Hilfe von Elektronenrechnern und höherer Mathematik darüber nachdenkt.

Eine mögliche Zukunft: Basen auf dem Mond

Die Rand Corporation befaßt sich nicht nur mit der Gegenwart, sondern sie studiert auch die mögliche Zukunft. E. W. Paxson hat die Probleme untersucht, die die Einrichtung einer Basis auf dem Mond aufwerfen würde. Wie die meisten Dokumente von Rand weist auch dieses recht bemerkenswerte Züge schwarzen Humors auf. So findet sich die folgende Definition des Menschen, die man von dem bedeutenden, aus Ungarn stammenden amerikanischen Fachmann für Aerodynamik, von Karman, entliehen hat: »Der Mensch ist ein außerordentlich leistungsfähiges mechanisches Gehirn, das von Arbeitern ohne Spezialkenntnisse, aber voller Begeisterung billig produziert wird.«

Unter einer Mondbasis versteht Rand einen ständig bemannten militärischen Stützpunkt auf dem Trabanten der Erde. Nach den Berechnungen wird die Errichtung einer solchen Basis möglich sein, wenn die amerikanische Industrie eine nukleare – elektrische – Antriebsmaschine entwickelt hat, die einen Schub von 1000 kW pro Kilogramm Gewicht liefert. Davon sind wir noch weit entfernt; pro Megawatt Schub braucht man etwa zehn Tonnen. Dennoch zeigt die technische Entwicklungskurve, daß man in naher Zukunft eine solche Antriebsmaschine wird herstellen können. Von diesem Moment an kann man, wie Rand es tut, alle Notwendigkeiten für die Einrichtung eines Stützpunktes auf dem Mond berechnen. Eine der ersten Aufgaben einer solchen Basis wird darin bestehen, auf dem Mond selbst nukleare Brennstoffelemente zu erzeugen, wie sie für den Antrieb von Raketen notwendig sind. In diesem Fall könnte man das Gewicht des Treibstoffes, der für eine Hin- und Rückreise zum und vom Mond notwendig wäre, ganz erheblich verringern (um etwa 80 Prozent). Man wird nicht von der Erde zum Mond reisen, sondern zwischen Raumstationen, von denen die eine die Erde, die andere den Mond umkreist. Das ist keineswegs Science-fiction. Man hat bereits alles mit Tabellen und Schaubildern bis ins letzte Detail durchgerechnet und durchgeplant wie etwa die Einrichtung einer neuen Autobuslinie. Sogar die Amortisationsrate der Unkosten hat man bereits ausgerechnet!

Die Verbindung zwischen einer die Erde umkreisenden Raumstation und der Erde bzw. zwischen dem Mond und einem Mondsatelliten wird mit Hilfe herkömmlicher Raketen hergestellt, die von chemischen Treibstoffen angetrieben werden. Von Erd- zu Mondsatellit hingegen würde man mit Atomkraft reisen. Man erhält so ein Diagramm wie das Diagramm einer Fabrik, mit dem Unterschied, daß unser Diagramm in etwa 25 Jahren mit allen Einzelheiten die Kolonisierung des Mondes, die Einrichtung von Stützpunkten, von hydroponischen Treibhäusern (Hydrokultur = Pflanzenzucht ohne Erde), von Kaninchenfarmen, in denen die Tiere mit Algen und Pilzen gefüttert werden, die man an Ort und Stelle erzeugt, von Treibstoffabriken und schließlich von Beobachtungsstationen und gegen die Erde gerichteten Militärbasen vorsieht.

Vom Mond aus würde man die Erde mit Instrumenten beobachten, die noch Objekte mit einem Durchmesser von nur zehn Metern ausmachen. Man könnte vom Mond aus Raketen mit Kernwaffen starten, die jeden Punkt der Erde erreichen würden. All das wird ganz schüchtern nach streng mathematischen, ja buchhalterischen Gesichtspunkten diskutiert. Man befaßt sich nicht mit der möglichen Auswirkung einer Mondbasis auf die Politik, auf die Psychologie, berücksichtigt nicht, was geschehen würde, wenn die Menschheit ständig unter der Drohung eines Angriffs vom Mond her leben müßte.

Drei Dokumente zur Verhütung des Unwiderruflichen

Im Bericht der Rand wird Sekundärliteratur erwähnt, allerdings nur in einer kurzen Zusammenstellung. Besonders fällt eine Arbeit vom »Robinson-Crusoe-Typ« auf. Darin wird die Möglichkeit behandelt, daß durch irgendeine Katastrophe die Verbindung zwischen der Erde und der Mondstation abreißt. In diesem Fall müßte die Basis versuchen, während einer gewissen Zeit zu überleben.

Ermöglichen die Arbeiten der Rand Corporation über mögliche Welten eine Vorhersage dessen, was sich in der realen Welt ereignen wird? Diese Frage ist nicht leicht zu beantworten. Sicher ist, daß die Arbeiten der Organisation vom amerikanischen Generalstab aufmerksam verfolgt und daß sie bei der Abfassung von wichtigen Dokumenten des Generalstabs weitgehend berücksichtigt werden. Diese ständig auf den neuesten Stand gebrachten Dokumente sind die folgenden:

1. Der *Joint Strategic Capability Plan* analysiert die Zukunft für den Zeitraum eines Jahres. Er befaßt sich vor allem mit den rein militärischen Aspekten.

2. Der *Joint Strategic Operating Plan* betrifft die zehn nächsten Jahre und berücksichtigt vor allem die Möglichkeit der Entwicklung neuer Waffen, ihrer Serienproduktion sowie ihre Gestehungskosten.

3. Die *Joint Long-Range Strategic Study* befaßt sich mit einem zukünftigen Zeitraum von 14 Jahren und vor allem mit politischen Aspekten.

Welche internationalen Bündnisse werden gebildet werden? Zu welchen großen internationalen Krisen wird es kommen? Wie werden die Vereinigten Staaten eingreifen müssen? Mit welchen Mitteln? Wie weit müssen sie gehen? Die letzte Steigerung ist ein allgemeiner thermonuklearer Krieg auf der Erde, dem Mond und in den interplanetarischen Räumen. Sind diese Pläne oft abgeändert worden? Das weiß natürlich niemand mit Sicherheit, und deshalb läßt sich nicht sagen, ob die Zukunftsvoraussagen der Rand Corporation mit den Tatsachen übereinstimmen. Nach Meinung der Rand-Spezialisten kann ein Gestehungspreis auf das Zehnfache der besten Vorausberechnungen ansteigen, und eine geschätzte Verzögerung kann um fünf Jahre variieren. Zwar irren die Elektronenrechner bei ihren Rechenoperationen nicht, aber jene Männer, die diese Anlagen benutzen, können falsche Fragen gestellt oder richtige Fragen falsch gestellt haben. In diesem Bereich, den man für so sachlich streng und nüchtern hält, spielt die Intuition eine große Rolle.

Bei Rand führt man als Beispiel immer das Problem des Handlungsreisenden an. Angenommen, ein Reisender müsse von Washington aus die 49 Hauptstädte der anderen Bundesanstalten besuchen und wieder nach Washington zurückkehren, um Bericht zu erstatten. Das Problem lautet: Welches ist der kürzeste Weg? Eine erste Analyse durch Elektronenrechner ergibt, daß es 10^{61} (eine 10 mit 61 Nullen) mögliche Lösungen gibt. Ein Operationsplan zeigt, daß man selbst mit den besten Rechenanlagen zur Lösung des Problems so lange brauchen würde, daß inzwischen die Sonne erkaltet und die Erde vereist wäre.

Nach diesem wenig ermutigenden Resultat machten sich ein paar ideenreiche Ingenieure von Rand mit einer ganz anderen Methode an die Lösung des Problems. Sie nahmen eine Landkarte, Nadeln und ein Knäuel Garn. Rein intuitiv fanden sie den kürzesten Weg in einer Viertelstunde. Die ideale Zukunftsvorhersage würde darin bestehen, zuerst eine intuitive Lösung zu entwickeln, diese Lösung durch Rechenanlagen überprüfen zu lassen und dann die Vorhersage zu treffen.

Aber die Intuition kann manchmal falsch sein. Ein typisches Beispiel dafür: Angenommen, alle Streitkräfte der Vereinigten Staaten samt Fernlenkraketen, Atombombern, Atom-Unterseebooten, Luftabwehr, Todesstrahlen usw. wären zur Verteidigung ihres Landes aufgestellt und in Alarmbereitschaft. Ein Jahr vergeht. Der erwartete Angriff bleibt aus. Unterdessen produziert die amerikanische Rüstungsindustrie andere Verteidigungswaffen, neue Geschütze, Raketen, Radaranlagen, Laserkanonen usw. Wo soll man sie aufstellen? Die Intuition antwortet auf diese Frage, man solle die neuen Waffen zum Schutz von Zielen verwenden, die bislang mangels entsprechender Rüstung schutzlos geblieben waren. Diese Überlegung scheint sich aufzudrängen, aber sie ist falsch. Wenn man die Gegebenheiten durchrechnet, gelangt man zu dem Ergebnis, daß die Verstärkung der amerikanischen Verteidigung zu einer proportionellen Verringerung der gegnerischen Macht führt. Der Feind wird sich also auf die wichtigsten Objekte konzentrieren, und deshalb müssen diese noch besser verteidigt werden, auch wenn sie schon jetzt den derzeit besten Schutz genießen. Das leuchtet nicht ohne weiteres ein, aber das Rechenresultat ist unwiderleglich. Die ursprüngliche Intuition war unrichtig, aber immerhin hat sie den Berechnungen die Richtung gewiesen, auch wenn das Resultat dann ganz anders ausfiel als erwartet.

Die Zukunft kann also vorhergesehen werden. Allmählich werden sogar von Zeit zu Zeit exakte Angaben über derartige Voraussagen der Rand Corporation veröffentlicht, wenn die entsprechenden Dokumente nicht mehr der Geheimhaltung unterliegen.

Dies gilt für einen Bericht, der die sowjetische Strategie für einen Zeitraum von zehn Jahren vorhergesagt und entsprechend die amerikanische Strategie bestimmt hat. Denn Vorhersehen bedeutet Handeln, und entgegen dem alten philosophischen Dilemma ist Freiheit eben deshalb möglich, weil eine Vorausschau möglich ist.

Was sind das für Menschen?

Trotz einiger spärlicher Informationen, die meist alsbald dementiert wurden, bleiben die Männer der Rand Corporation weitgehend unbekannt. Wie jene ausgewählt werden, die in das Allerheiligste in Santa Monica (Kalifornien) einziehen dürfen, weiß man nicht. Das

Federal Bureau of Investigation – das berühmte FBI – prüft die Vergangenheit der Kandidaten bis neun Monate vor ihrer Geburt. Dies deshalb, weil eine uneheliche Geburt eines Tages von ausländischen Agenten als Pressionsmittel verwendet werden könnte. Man muß in Naturwissenschaften promoviert haben und ein ausgezeichneter Buchhalter sein; in den Arbeiten von Rand spielt die Buchhaltung eine sehr große Rolle. Außerdem muß der Betreffende ein erstklassiger Mathematiker sein. Man kennt einige Namen: Edward S. Quade, J. Hitch, R. D. Specht, R. N. McKean, Malcolm W. Hoag, Albert Wohlsetter, R. Schamberg, T. C. Schelling, M. G. Weiner, W. H. Meckling, Paul Armer, E. W. Paxson. Aber kein Dokument gibt über ihre genauen Funktionen Auskunft, nirgendwo findet man etwas über den Aufbau dieser Organisation, dieser außergewöhnlichen Technokratie, die den Namen Rand Corporation trägt.

Ebensowenig weiß man, ob sich die Angestellten von Rand bei Antritt ihrer Arbeit oder in regelmäßigen Zeitabständen einer psychologischen Untersuchung unterziehen müssen. Eine solche Untersuchung scheint angeraten, wenn man die Leistungen eines früheren Angehörigen von Rand bedenkt, Hermann Kahn, der ein eigenes Büro für Analyse eröffnet hat. Hermann Kahn ist der Prototyp des Dr. Folamour im Film. Er hat die Maschine des Jüngsten Gerichts erfunden, hat die Pläne dieser Maschine veröffentlicht. Seine Untersuchung wurde auf Kosten der amerikanischen Regierung durchgeführt, die dafür 73 Millionen Dollar aufwandte. Die Maschine des Jüngsten Gerichts ist eine Super-Kobalt-Bombe, deren Fall out ausreichen würde, um jedes Leben auf der Erde zu vernichten. Die Bombe ist mit einem Elektronenrechner verbunden, der sie zündet, wenn durch eine bestimmte Zahl von Atombombenexplosionen die Erde in einem vorausbestimmten Maß radioaktiv verseucht ist. Mit einem Humor, der eines Eichmann würdig wäre, behauptet Hermann Kahn, daß dadurch Aggressoren abgeschreckt würden. Sehr tröstlich ist allerdings die Tatsache, daß Rand selbst den Maschinen und den allzu rasch extrapolierten Laboratoriumsexperimenten mißtraut. In einem Bericht der Gesellschaft findet sich der folgende denkwürdige Satz: »Alle guten Einfälle werden im Laboratorium geboren, werden im Laboratorium entwickelt und sterben im Laboratorium, und meist dauert das Ganze nicht länger als zwanzig Minuten.«

Alle Publikationen der Rand Corporation betonen den menschlichen Aspekt, die Notwendigkeit größter Sorgfalt, den praktischen Aspekt. Rand legt deshalb so großen Wert auf buchhalterische

Kenntnisse, berücksichtigt den Dollarwert eines Projektes, um nicht allzu oberflächlichen Extrapolationen zum Opfer zu fallen.

Die einflußreiche amerikanische Zeitschrift *Space Aeronautics* befaßte sich im Leitartikel ihrer Dezembernummer 1964 mit der Frage, ob es an der Zeit sei, die Flüssigkeitsraketen vom Typ Atlas und Titan durch Feststoffraketen vom Typ Minuteman und Polaris zu ersetzen: »Wer entscheidet, ob die Russen ausreichend den Mut verloren haben? Der Kreml, nicht wir. Wie viele Raketen brauchen wir, um ihnen die Angriffslust zu nehmen? Das können die Sowjets sagen, aber nicht wir. Der Verteidigungsminister, McNamara, sollte wissen, daß der Fall eintreten kann, daß sogar vier Asse nicht genügen, um eine Pokerpartie zu gewinnen. Das passiert dann, wenn nur der Gegenspieler weiß, welches Spiel gespielt wird.« Besser ist es auf jeden Fall, daß diese schreckliche Pokerpartie in den Laboratorien in Sibirien gespielt wird.

Giganten im All – die Quasars

Jacques Bergier

»Unaufhörlich rollt das Endlose dem Grundlosen entgegen.«
Victor Hugo

»Jenseits des Aktionsstrahls unserer Phantasie.«
H. P. Lovecraft

Eine neue Physik wird geboren

Im All ereignet sich etwas, das im Augenblick alles weit übersteigt, was sich die menschliche Phantasie in Wissenschaft und Sciencefiction bislang vorzustellen vermochte. Himmelsobjekte erzeugen mehr Energie als eine ganze Galaxie und sind doch – zumindest nach der Meinung mancher Wissenschaftler – kaum größer als eine gewöhnliche Sonne. Man hat diesen Objekten den vorläufigen Namen »*Quasars*« gegeben, eine Abkürzung des englischen »quasi stellar radio sources«. Entdeckt wurden sie durch die Radioastronomie. Dann meldete man von den Observatorien von Mount Wilson und Mount Palomar, die über die stärksten optischen Teleskope verfügen, daß man auch dort Quasars entdeckt habe.

Danach stellte man fest, daß sich die Quasars außergewöhnlich rasch durch das All bewegen; sie erreichen dabei bis zu 46 Prozent der Lichtgeschwindigkeit. Da sie gewaltige Energiemengen emittieren, können sie auf weit größere Entfernung entdeckt werden als eine gewöhnliche Milchstraße.

Eine Milchstraße ist ein Objekt im All mit einem Durchmesser von rund 50000 Lichtjahren. Sie setzt sich aus durchschnittlich 100 Milliarden Sternen zusammen. Es ist sehr unwahrscheinlich, daß alle Sterne einer Milchstraße gleichzeitig explodieren. Und doch müßte dies der Fall sein, wenn eine Galaxie so viel Energie aussenden würde, wie ein Quasar es tut.

Schon im Jahre 1963 bereiteten die Quasars viel Kopfzerbrechen, aber im Januar 1964 wurde es noch viel schlimmer. Man stellte fest, daß manche Quasars ihre Helligkeit innerhalb von sechs Monaten verändert hatten. Nun kann aber ein Himmelsobjekt von der Größe einer Milchstraße seine Helligkeit nicht in einem so kurzen Zeitraum verändern, da es Tausende von Jahren dauert, bis das Licht vom einen Ende der Milchstraße zum andern geeilt ist. Wenn aber ein

Quasar nicht viel größer ist als ein gewöhnlicher Stern, weit kleiner als eine Galaxie, wie kann er dann eine so unwahrscheinliche Energie emittieren?

Am 15. Mai 1964 schrieb das wissenschaftlich-technische Mitteilungsblatt der amerikanischen Botschaft, *Technical Science,* in einem Bericht über eine Konferenz der American Physical Society über die Quasars:

»Im Verlauf der vergangenen zwölf Monate haben die Radioastronomen neun ›Quasars‹ entdeckt, jene großen, leuchtenden, vibrierenden Gaswolken, die für Sterne zu groß und für Galaxien zu klein sind, in denen es Milliarden von Sternen gibt. Die Quasars senden Lichtstrahlen und Radiowellen aus Entfernungen, die bis zu zehn Milliarden Lichtjahre betragen können.«

Bei der Frühjahrskonferenz der American Physical Society haben zwei Physiker neue Tatsachen über den gewaltigen Energieproduktionsmechanismus vorgetragen, der im Inneren eines Quasars vorhanden sein muß. Louis Gold und John W. Moffat vom Institute for Advanced Studies der Martin Company in Baltimore (Maryland) haben die Behauptung aufgestellt, daß ein Quasar pro Sekunde mehr Energie erzeugen muß als eine Quadrilliarde Wasserstoffbomben (1000000000000000000000000000), um Lichtstrahlen und Radiowellen bis zur Erde senden zu können.

Also gibt es im All Energiequellen, die unendlich ergiebiger sind als die Kernenergie oder auch die vollständige Vernichtung der Materie, Energiequellen, die für uns ebenso unverständlich sind, wie die Sonnenenergie für den Gelehrten des 19. Jahrhunderts unverständlich war. Da der Ehrgeiz der Wissenschaftler in unserer Zeit keine Grenzen mehr kennt, versuchen sie, Erklärungen aufzustellen. Aber ehe wir auf diese Erklärungsversuche eingehen, die bis an die äußerste Grenze der menschlichen Phantasie vorstoßen und wahrscheinlich dennoch nicht weit genug gehen, wollen wir die Gegebenheiten des außergewöhnlichen Problems kennenlernen.

Was sind Quasars?

Allgemein nimmt man an, daß die Quasars sehr weit von uns entfernt sind, etwa zwei bis zehn Milliarden Lichtjahre. Der Quasar $_3C_{273}$ soll zwei, der Quasar $_3C_{147}$ sechs bis acht Milliarden Lichtjahre entfernt sein. ($_3C$ bedeutet Third Cambridge Catalogue, also drittes von Cambridge aufgestelltes Sternenverzeichnis; 273 und 147 sind die fortlaufenden Nummern in diesem Katalog.)

Diese Entfernungen hat man aus der Tatsache berechnet, daß das von diesen Objekten zu uns gelangende Licht eine Rotverschiebung aufweist, was gewöhnlich eine beträchtliche Geschwindigkeit bedeutet.

Aber es gibt auch andere Erklärungen. Vielleicht ist die Masse der Quasars so dicht gepackt, daß das Licht nur mit Mühe entweichen kann und sich infolge des Einstein-Effekts nach Rot hin verschiebt.

Allerdings wird diese Hypothese von den meisten Astronomen verworfen. Und doch wäre es möglich, wie der französische Wissenschaftler Georges Courtés in seinem Buch über die Galaxien schreibt, daß die Quasars außergewöhnlich dichte Sterne sind, »die man zum jetzigen Zeitpunkt noch nicht zu erklären vermag«.

Wären uns die Quasars entgegen der allgemeinen Annahme ziemlich nahe, vielleicht sogar innerhalb unseres Milchstraßensystems, dann müßten wir alle unsere bisherigen Vorstellungen gründlich revidieren. In diesem Fall müßte der Raum, in dem wir leben, auf verschiedenste subtile Weisen modifiziert sein, von denen wir im Augenblick noch keine Ahnung haben. Im Juli schrieb das Mitteilungsblatt der New Yorker Akademie der Wissenschaften, *The Sciences:* »Die Einsteinschen Gleichungen behalten ihre Gültigkeit bei, aber es hat jetzt den Anschein, daß sie möglicherweise unvollständig sind.« Anders gesagt: Selbst wenn die Quasars so dicht sind, daß sie den Raum um sich so stark krümmen, daß ihre Gravitation nicht bis zu uns gelangt, müssen sie auf unseren Raum noch andere subtile Wirkungen ausüben, uns mit Elementarteilchen bombardieren, die wir auf keine Weise entdecken können.

Die Wissenschaftler haben sich mit viel Mühe zur Ansicht durchgerungen, daß wir nicht in einem euklidischen Raum leben, sondern in einem Raum-Zeit-Kontinuum. Wenn man sich nun mit dem Gedanken befreunden muß, daß der Raum, in dem wir leben, noch viel komplizierter ist, als Einstein angenommen hat, dann wird die Welt höchst beunruhigend. Wir wollen also, ohne entscheidende Beweise zu haben, annehmen, daß die Quasars sehr weit von uns entfernt sind, und zu einer anderen Frage übergehen.

So groß wie eine Galaxie oder kleiner als ein Stern?

Offensichtlich ist es möglich, daß es sich bei den Quasars um Galaxien handelt, in denen durch Kettenreaktion Sternexplosionen verursacht werden (ähnlich wie bei der Explosion eines Munitionsdepots). Aus Gründen, die für uns im Augenblick noch unvorstellbar sind, verbreitet sich die Schockwelle dieser Kettenreaktion schneller als das Licht, was den Einsteinschen Theorien widerspricht. Das würde Helligkeitsschwankungen erklären, die ansonsten bei einem mehrere tausend Lichtjahre langen Himmelsobjekt unerklärlich wären. Eine solche vollkommene Umkrempelung der Physik fassen manche Astronomen ins Auge. Die meisten Astronomen jedoch weichen diesem Problem aus, und das kann ich gut verstehen. Die Lichtgeschwindigkeit ist nicht nur eine praktische Geschwindigkeitsgrenze wie die Schallmauer etwa. Daß die Lichtgeschwindigkeit den oberen Grenzwert darstellt, beruht offensichtlich auf triftigen Gründen, die sich auf die Struktur der Materie beziehen. Ein Objekt oder Signal, das die Lichtgeschwindigkeit überschreiten würde, müßte in die Vergangenheit enteilen, die Zeit zurückdrehen.

In einem materiellen Medium, in dem das Licht abgebremst wird, kann ein Objekt schneller sein als das Licht, ohne gegen die Einsteinschen Gesetze zu verstoßen. Aber im leeren Raum ist das unmöglich, denn dann wären Reisen in die Vergangenheit und die Aussendung von Signalen in die Vergangenheit möglich. Zwar stoßen sich die Science-fiction-Autoren nicht daran, aber für den normalen Verstand ist eine solche Hypothese unfaßlich. Deshalb lassen wir sie lieber fallen und schließen uns der Meinung der Mehrzahl der Astronomen an, die in den Quasars sehr ferne Objekte sehen, die viel kleiner sind als die Galaxien. Wir werden gleich merken, daß die Lage schon phantastisch und erregend genug ist, ohne daß man übereilt die Einsteinsche Theorie umwirft oder das Raum-Zeit-Kontinuum durch unendlich dichte Objekte modifiziert.

Die Theorie von Hoyle und Narlikar

Welche Erklärungen hat man für die Quasars vorgebracht, ohne sich allzu sehr von der traditionellen Wissenschaft zu entfernen? Da wäre zunächst einmal die Theorie von Hoyle und Narlikar zu nennen.

Diese Theorie ist das letzte Wort der offiziellen Astrophysik. Es ist schwierig, sie zu erläutern, ohne sie zu verfälschen. Wir werden uns einiger Bilder bedienen müssen. Ich stütze mich dabei auf einen Aufsatz von John David im Mitteilungsblatt der Britischen Botschaft, Paris.

Professor Hoyle und Dr. J. V. Narlikar haben eine neue Gravitationstheorie aufgestellt.

Wenn ein Kind hinfällt und sich an der Nase verletzt, erlebt es, wenn auch auf seine Kosten, unmittelbar die Schwerkraft. Von allen physikalischen Grundkräften, die im Universum wirksam sind, ist die Schwerkraft uns am besten vertraut. Und doch ist sie für die Wissenschaftler, die sich mit ihr befassen, immer noch völlig mysteriös.

Zwar lassen sich Science-fiction-Autoren Welten ohne Schwerkraft einfallen, aber in unserer realen Welt besteht keine Möglichkeit, die Wirkung der Schwerkraft zu unterbrechen oder nach Belieben wiederherzustellen; auch kann man nicht die »Gravitationsladung« einer gegebenen Materiemenge abändern, um sie leichter oder schwerer zu machen.

Die Gravitation ist, obgleich mysteriös, allem Anschein nach eine Fundamentalkraft, deren besseres Verständnis zwangsläufig zu einem besseren Verständnis der gesamten Welt führen muß. Dies erklärt, warum die kühnen Ideen von Hoyle und Narlikar ein so starkes Echo gefunden haben.

»Wie läßt sie sich beweisen?« Dies ist die erste Frage, die sich Wissenschaftler stellen, wenn eine neue Theorie auf den Plan gebracht wird. Nach Professor Hoyle kann seine neue Theorie bewiesen werden, obgleich das, wie er zugibt, in der Praxis wenig ratsam wäre, weil man dazu die Hälfte der Sterne im Universum ausschalten müßte.

Nach der traditionellen Gravitationstheorie würde durch solche Ausschaltung auf der Erde nichts geändert werden; lediglich käme uns nachts der Himmel dunkler vor. Wenn jedoch die Theorie von Hoyle und Narlikar stimmt, würde diese Ausschaltung enorme Folgen haben: Die Sonne würde doppelt so heiß werden, und wir würden auf der Erde feststellen, daß sich unser Gewicht verdoppelt hat. Die Bahn der Erde um die Sonne würde so verändert, daß die Entfernung zwischen ihnen stark vermindert würde. Wir würden alle lebendigen Leibes geröstet werden.

Diese Vermutungen unterstreichen einen wesentlichen Aspekt der Hoyle-Narlikarschen Theorie. Einstein hat in seiner allgemeinen Relativitätstheorie die Gravitation als ein im wesentlichen lokales Phänomen gesehen. Die Massen von Sonne und Erde schaffen ein Schwerefeld, das die Erde in ihrer Umlaufbahn um die Sonne hält. Für ihn war dieses Schwerefeld eine Eigenheit von Raum und Zeit, aber seine Existenz an einem gegebenen Ort – im Sonnensystem – konnte nach Einsteins Theorie nicht durch entferntere Regionen des Alls beeinflußt werden. Wenn man diese Regionen ausschaltete, würden Sonne und Erde dadurch nicht betroffen.

Dieser »Feldtheorie« stellen Hoyle und Narlikar eine »Partikeltheorie« gegenüber, nach der die Gravitation die gesamte Materie gleichzeitig beeinflußt. Wenn man die Hälfte aller Materiepartikeln im Universum ausschaltet, wird die zwischen den übrigbleibenden Partikeln wirksame Schwerkraft entsprechend beeinflußt.

Nur Fachmathematiker können im Detail den Überlegungen folgen, die zu diesem Schluß führen. Aber obwohl sie schwierig zu verstehen und zu beweisen ist, hat die neue Theorie unter anderem den Vorzug, daß sie den gesunden Menschenverstand befriedigende Erklärungen liefert, was die Einsteinsche Theorie nicht tut.

Während die von Einstein zur Erklärung der Gravitation aufgestellten Gleichungen auch in einem vollkommen leeren Universum ihre Gültigkeit behalten würden – man kann sich ein Raum-Zeit-Kontinuum ohne jede Materie vorstellen –, würden nach der Theorie von Hoyle und Narlikar beim Verschwinden der Materie auch die Gleichungen verschwinden. Schwere – und infolgedessen Physik – kann es nur geben, wenn im Universum mindestens zwei Partikeln vorhanden sind, die aufeinander einwirken. Diese Behauptung scheint dem gesunden Menschenverstand zu entsprechen.

Den Geist befriedigt weiter, daß nach der neuen Theorie Schwere mit Anziehungskraft gleichzusetzen ist – die Äpfel fallen herab, sie erheben sich nicht. Anders in der Theorie Einsteins. Ein Mathematiker aus einer anderen Welt könnte nach den Einsteinschen Gleichungen nicht feststellen, ob die Gravitation in unserer Welt Anziehung oder Abstoßung bedeutet. Das wird in den Gleichungen nur durch das Vorzeichen + oder – ausgedrückt. Mathematisch ist die Wahl willkürlich; Einstein hat sich für das Minuszeichen entschieden, um die beobachtete Tatsache zum Ausdruck zu bringen, daß Schwere gleich Anziehungskraft ist. Die Theorie von Hoyle und Narlikar schaltet diese Willkür aus. Aus ihren Gleichungen geht eindeutig hervor, daß die Äpfel zwangsläufig herabfallen müssen.

Die Gravitation nimmt heute eine ziemlich dichte Abteilung der Wissenschaft ein. Einzigartig an ihr ist, daß sie in gleichem Maße alle Materie betrifft, während die elektrischen oder nuklearen Phänomene je nach den Substanzen und Partikeln anders ablaufen. Außerdem ist die Schwerkraft ungemein schwach im Vergleich zur elektrischen oder nuklearen Kraft. Sie wird nur bei riesigen Massen wie etwa der Erde für uns wahrnehmbar.

Wenn wir hinfallen, wird uns die Anziehungskraft bewußt, die die gewaltige Masse der Erde auf unseren Körper ausübt. Aber wir bemerken nicht die unendlich kleinere Anziehungskraft eines Berges oder eines großen Hauses – und doch existiert sie.

Eine der zukünftigen Aufgaben der Physik wird es sein, eine Theorie aufzustellen, die die Schwäche der Schwerkraft und ihre Eigenheiten berücksichtigt und sie gleichzeitig mit den anderen physikalischen Kräften in Verbindung bringt. Eine solche Einheitstheorie ist noch nicht in Sicht, aber Hoyle und Narlikar glauben, daß sie durchaus in Reichweite liegt.

Die von den beiden Wissenschaftlern aufgestellte neue Theorie läßt sich auch auf bestimmte Probleme anwenden, die von den Quasars aufgeworfen werden. Eigenartigerweise haben schon vor der Entdeckung der Quasars Professor Hoyle und der amerikanische Wissenschaftler William Fowler die Hypothese vorgebracht, daß theoretisch riesige Gaswolken im All manchmal »implodieren«, also nach innen explodieren, könnten. Dadurch käme es zu Gebilden, die den »Quasi-Sternen« merkwürdig ähnlich seien.

Hoyle und Fowler studierten dann die Vorgänge, die gewöhnlich zur Bildung einer aus Sternen bestehenden Galaxie führen. Eine Gaswolke zieht sich zusammen und zerbricht in eine Anzahl von kleinen Wolken, aus denen die Sterne entstehen. Die beiden Wissenschaftler meinten, es könne manchmal vorkommen, daß die Wolke nicht auseinanderbreche. Sie kontrahiere sich dann unter der Wirkung ihrer eigenen Schwerkraft weiter, so daß die gesamte Masse mit wachsender Geschwindigkeit und Energie ins Innere der Gaswolke stürze.

Diese Implosion führe zu einem sehr merkwürdigen Gebilde, in dessen Zentrum sich unvorstellbar dicht gepackte Materie befinde. Ein Bruchstück von Tausendstelgröße eines Stecknadelkopfes würde eine Trillion Tonnen wiegen.

Ständig sich erschaffende Welten?

Zahlreiche Physiker sind derzeit bemüht, eine genauere Vorstellung von den Vorgängen zu gewinnen, die sich im Inneren dieser implodierenden Himmelsobjekte abspielen. Hoyle und Narlikar sind der Auffassung, daß die Materie möglicherweise total vernichtet wird und in dem verschwindet, was sie das »Schöpfungsfeld« nennen.

Nach der berühmten Theorie von Professor Hoyle, nach der im Universum ein ständiger Schöpfungsprozeß im Gange ist, quillt aus diesem Feld ständig Materie hervor, um die an den Astronomen beobachtete Expansion des Universums auszugleichen. Seit langem schon hat man festgestellt, daß die mittels optischer Teleskope beobachtbaren fernen Galaxien sich von der Erde entfernen, manche mit gewaltigen Geschwindigkeiten. Ohne einen ständigen Schöpfungsprozeß würde sich das All zunehmend leeren. Nach Hoyle wird die durchschnittliche Materiedichte im Universum durch die ständige Neuschöpfung von Materie beibehalten. Immerhin kann sich im Inneren der Quasars zeitweise ein umgekehrter Vorgang abspielen: Durch das »Versinken« infolge der Gravitation kann eine bestimmte Menge von Materie ins Schöpfungsfeld geleitet werden.

Diese Gedanken mögen zunächst befremden, aber sie scheinen in bemerkenswertem Umfang dem zu entsprechen, was man bislang von den Quasars beobachten konnte. Vielleicht erklären sie auch die enorme Leuchtkraft und die starken Radiowellen-Emissionen der Quasars.

Es sieht so aus, als ob die »Quasi-Sterne« ihre Energie aus der Schwerkraft gewinnen, während die Energie normaler Sterne durch Kernreaktionen erzeugt wird. Daraus geht hervor, wie wichtig die neuen Gravitationstheorien vermutlich sind.

Nach Professor Hoyle können die neuen astronomischen Beobachtungen und die daraus abgeleiteten neuen Theorien die irdische Physik tiefgreifend beeinflussen. Zweifellos leben wir in einer Zeit des Umbruchs, und es ist durchaus möglich, daß sich schon in einigen Jahren unser Weltbild gewandelt haben wird. Männer wie Hoyle und Narlikar werden viel dazu beigetragen haben.

Wenn die Quasars so sind, wie Hoyle und Narlikar glauben, ist das Universum weit komplizierter und subtiler organisiert, als man bisher annehmen konnte. Das Universum wäre dann ein Mechanismus, der automatisch die Materieverluste ausgleicht, die eintreten, wenn die Galaxien die Lichtgeschwindigkeit überschreiten und verschwinden, indem im Inneren der Quasars neue Materie erzeugt wird. Die Quasars sind danach die Laboratorien, in denen die Materie erzeugt und dann über unser Universum hinaus in ein unvorstellbar großes System geschleudert wird – in das Feld der Schöpfung.

Gibt es wie einen genetischen, so einen astronomischen Code?

Nach Hoyle würde die so entstandene Materie im ganzen Universum in Gestalt von Wasserstoffatomen wieder auftauchen. Wie sind die selbstregulierenden Mechanismen in einem so wunderbar fein abgestimmten Ganzen beschaffen? Auf diese Frage gibt es noch keine Antwort. Albert Ducrocq hat die Hypothese aufgestellt, daß das Universum wie das Leben funktioniert. Es ist bemüht, die Entropie zu vermindern und den Gegenzufall über den Zufall siegen zu lassen.

Dies ist eine poetische Vorstellung, die Teilhard de Chardin sicherlich gern gelten gelassen hätte.

Aber wenn man sie auf dem nüchternen Boden der Wissenschaft prüft, stellen sich sehr bald zahlreiche Fragen. Angenommen, wir haben eine Galaxie mit einer bestimmten Menge Materie, die unser Universum verläßt, weil ihre Geschwindigkeit die Lichtgeschwindigkeit übersteigt. Wie »weiß« das Universum, daß eine bestimmte Zahl von Quasars erzeugt werden muß, um den Materieverlust auszugleichen? Woher stammt die Information? Wie wird sie übermittelt? Wenn es sich um einen selbstregulierenden Mechanismus handelt, wie geht dann die Regulierung vor sich?

Wenn Ducrocq, Hoyle, Narlikar und auch Costa de Beauregard recht haben, ist das Universum ebenso organisiert und funktioniert ebenso präzis wie ein DNS-Molekül (DNS = Desoxyribonukleinsäure, eine Kernsäure). Wie man den genetischen Code entdeckt hat, müßte man den astronomischen Code entdecken. Die Information ist nicht auf lebende Materie beschränkt, sondern bildet einen integrierenden Bestandteil des Universums wie die Materie und die Energie. Das bedeutet eine grundlegende Revision unserer Vorstellungen. Die Wissenschaft hat ihr letztes Wort noch lange nicht gesprochen.

Doch wollen wir nicht vergessen, daß die Theorie von Hoyle und Narlikar nicht allein dasteht. Selbst wenn wir uns auf die Theorien beschränken, die keine höhere Geschwindigkeit als die Lichtgeschwindigkeit zulassen, können wir zwischen einer ganzen Reihe von Theorien wählen, von denen die eine phantastischer ist als die andere. So hat kürzlich ein Amerikaner die Behauptung aufgestellt, die Quasars seien gewaltige ionisierte Gasmassen (Plasma), die einen ungeheuer dichten, unvorstellbar heißen Kern umgeben, einem riesigen Kernreaktor vergleichbar. Die durch die Fusion erzeugten Partikeln durcheilen das vibrierende Plasma und erzeugen Resonanz und Radiowellen, die ins All ausgesandt werden. Die Physiker stellen klar, daß die bekannten physikalischen Gesetze in Verbindung mit den Laboratoriumsbeobachtungen über das Verhalten des Plasmas die Erzeugung und Ausbreitung der Wellen vollkommen erklären. Sie berücksichtigen dabei auch einen Faktor, der als »freie Debye-Energie« bekannt ist. Diese 1923 von dem Holländer

J. W. Debye entdeckte Energie galt bisher als zu schwach, um thermische Energie in elektromagnetische Energie, etwa in Form von Radiowellen, umwandeln zu können. Bei der Größenordnung der Quasars muß diese Energie jedoch einen recht beträchtlichen Faktor darstellen.

Diese Theorie hat den Vorzug, daß sie sehr verstandesgemäß ist. Ihr Mangel besteht darin, daß sie die ungeheuren Energien des Quasars nicht erklärt, es sei denn, daß im Inneren eines solchen unvorstellbar heißen Kernreaktors Reaktionen oder Umwandlungen von Materie oder Energie völlig unbekannter Art vor sich gehen, wobei nicht nur die Kernenergie, sondern noch andere Energiequellen im Spiel sind, zum Beispiel eine Raumenergie, die von manchen Physikern als subquantische Energie bezeichnet wird.

In dieser Form wurde die amerikanische Theorie von dem sowjetischen Astrophysiker Nikolai Kardaschew unterstützt, der dadurch ins Gespräch kam, daß er die Behauptung aufstellte, im Gebiet des Radiosterns CTA 102 müsse es eine intelligenzbegabte außergalaktische Kultur geben. Kardaschew hat seine Ansicht am 12. Mai 1964 auf einer Konferenz des Physikalischen Instituts der Sowjetischen Akademie der Wissenschaften mit Nachdruck verteidigt. Er glaubt, daß im Inneren eines thermonuklearen Superreaktors komprimierte Magnetfelder ungeahnte Energiemengen freisetzen können.

Viele bedeutende sowjetische Akademiker, besonders Professor Vitali Ginsberg, sind ziemlich skeptisch. Sie warten lieber neue Resultate der derzeit durchgeführten Experimente ab, ehe sie die Hypothese weiter ausbauen. In der Zwischenzeit ist die Phantasie eifrig am Werk.

Hoftmanns Idee: Ärger als die Antimaterie

Banesh Hoftmann ist ein bedeutender amerikanischer Physiker, der an der Columbia University lehrt und einer von Einsteins Mitarbeitern war. Er hat energisch die Existenz paranormaler Phänomene verteidigt und als einer der ersten beobachtet, daß es physikalische Agenzien gibt, beispielsweise das Neutrino, die alle Hindernisse durchqueren und infolgedessen die vermittelnden Medien parapsychologischer Phänomene sein könnten.

Es bedurfte eines Mannes von seiner Bildung und Phantasie, damit eine originelle Theorie über die Quasars aufgestellt wurde. Veröffentlicht ist sie in der Mainummer 1965 der ausgezeichneten englischen Zeitschrift *Science Journal.*

Professor Hoftmanns Grundgedanke findet sich häufig in der Science-fiction, aber nirgendwo in wissenschaftlichen Publikationen. Dieser Grundgedanke lautet: Es gibt eine negative Materie. Nicht eine Antimaterie, also eine Materie, die gegensätzlich geladen ist wie die normale Materie, sondern eine Materie mit negativer Masse, das heißt elektrisch positiv oder negativ geladene oder neutrale Partikeln, deren Masse jedoch kleiner ist als Null. Eine solche Materie würde von gewöhnlicher Materie abgestoßen. Sie besäße eine Antigravitation und eine negative Trägheit. In den Science-fiction-Romanen werden die interstellaren Raumschiffe schon seit einem Vierteljahrhundert von solcher Materie angetrieben.

Die Science-fiction-Autoren können sich alles leisten; Wissenschaftler müssen vorsichtiger sein. Hoftmann aber schlägt alle Vorsicht in den Wind und zeigt brillant auf, daß negative Materie, wenn es sie gibt, durch Einwirkung von normaler Materie wahre Energiestürme erzeugen muß, aus denen die Quasars entstehen. Kein Mensch hat bisher einen negativen Materiepartikel festgestellt, aber dadurch läßt sich Professor Hoftmann nicht entmutigen. Schließlich hat ja auch Dirac die Antimaterie theoretisch vorhergesagt, ehe sie tatsächlich entdeckt wurde.

Die negative Materie würde zwar die Quasars erklären, aber deren Existenz wurde noch durch keine astronomische Beobachtung und durch kein Laboratoriumsexperiment bewiesen. Man kann sich fragen, ob es sinnvoll ist, ein Geheimnis durch ein anderes zu erklären.

Ich selbst glaube, daß man an das Problem des Quasars mit einer gewissen Offenheit herangehen muß. Man sollte zunächst einmal die Möglichkeit einräumen, daß wir es hier mit etwas ganz Neuem zu tun haben, das über unser Wissen und über unsere Phantasie hinausgeht. Wir befinden uns etwa in der gleichen Lage wie die Physiker des 19. Jahrhunderts angesichts des Problems der Sonnenenergie. Sie waren sich darüber im klaren, daß die ihnen bekannten Energiequellen – chemische Verbrennung, Gravitation – die Sonnenenergie nicht erklären konnten. Da sie von den Atomkernen und der Kernenergie noch nichts wußten, war es ihnen unmöglich, Hypothesen aufzustellen, die die Sonnenenergie wirklich und richtig zu erklären vermochten.

Angesichts der Quasars haben wir es mit einem gleichen Problem zu tun. Eine ganz neue Energiequelle, die im Augenblick noch unerklärlich ist, erzeugt diese Giganten im All.

Ungeahnte Möglichkeiten

Jacques Bergier

Als sich die Phantasie des Menschen seines eigenen Gehirns annahm, blieb sie zunächst beim Chirurgen und seinem Wunder wirkenden Skalpell stehen, träumte von Operationen, die dem Menschen unbegrenzte Fähigkeiten geben sollten. So beschreibt Arthur Machen in seinem *»Großen Gott Pan«* einen Eingriff, der die Pforten der Wahrnehmung so erweitert, daß der Operierte alle Naturkräfte erkennen kann. Eine Stufe tiefer, auf dem Niveau des Traums, findet man die Vorstellung von einer Verknüpfung der beiden Gehirnhälften, wodurch Gedächtnis, Intelligenz und andere geistige Fähigkeiten mindestens verdoppelt werden sollen. Diese Operation hat man an Affen tatsächlich ausgeführt, bis jetzt allerdings ohne bemerkenswerte Resultate. Ehe sich die Wissenschaftler damit befaßten, hatte der amerikanische Science-fiction-Autor John W. Campbell vor etwa dreißig Jahren die Möglichkeiten solcher Operationen vorausgesagt.

Die Phantasie, für die es keinerlei biologische oder physiologische Begrenzungen gibt, hat auch an die Möglichkeit gedacht, ein Gehirn auf ein Lebewesen der gleichen oder einer benachbarten Art zu verpflanzen. Allerdings sind der Organverpflanzung beim Menschen noch immer Grenzen gesetzt. Ein Organismus stößt in der Regel Gewebe eines anderen Organismus ab, selbst wenn dieses von einem Lebewesen der gleichen Art stammt; nur bei eineiigen Zwillingen oder bei Mutter und Tochter setzt die Immunitätsreaktion des Organismus nicht ein. Diese wesentliche Schwierigkeit hat jedoch die Romanschriftsteller nicht von ihren Träumereien abgehalten.

Eine dieser Träumereien kommt den tatsächlichen Möglichkeiten ziemlich nahe: Ein Gehirn wird in einer speziellen Nährlösung in einem Behälter am Leben erhalten (mit einem Affengehirn ist das für vierundzwanzig Stunden gelungen). Dies ist das Thema von Curt Siodmaks Roman *»Donavan's Brain«*. Auch zahlreiche andere Science-fiction-Autoren haben sich dieser Möglichkeit angenommen. Wenn das Gehirn im Behälter von frischem Blut durchspült und die Abfallstoffe entfernt werden, wäre es theoretisch möglich, es für unbegrenzte Zeit am Leben zu erhalten. Wenn man das Organ außerdem mit Sinnesorganen ausstatten und mit einem sehr leistungsfähigen Elektronengehirn verbinden würde, könnte es sogar aktiv, wenngleich nicht unbedingt angenehm, leben. Es erhält dadurch eine Art von Unsterblichkeit, über die zu träumen legitim ist. Ein von leiblichen Unannehmlichkeiten befreites Gehirn in der Retorte könnte vielleicht lernen, sich jener 90 Prozent Neuronen zu bedienen, die nach Schätzung der Neurologen beim Menschen in jedem gegebenen Augenblick brachliegen. Das Gehirn müßte auch die Möglichkeit haben, seinem Leben ein Ende zu setzen, wenn es seines Zustandes und seines Gefängnisses überdrüssig ist. Dies könnte durch Aussendung eines geeigneten elektronischen Signals geschehen. Das Experiment ist eher ein Alptraum als eine Träumerei, aber immerhin handelt es sich schon fast um einen Alptraum, der zu verwirklichen wäre. Ein derart isoliertes Gehirn würde wahrscheinlich nicht lange menschlich bleiben, denn das Bewußtsein ist, wenn man darüber nachdenkt, offenbar nicht lediglich eine Funktion.

Die Verbindung von Gehirnen ermöglicht es, mehrere Leben zu führen

Vorstellbar wäre auch, daß man einem solchen Gehirn zusätzliche Organe aufpflanzt, die Infrarot, Radiowellen, Röntgenstrahlen, Neutronen und anderes wahrzunehmen vermögen. Eine solche Organaufpflanzung würde sicherlich zur Ausbildung neuer, recht merkwürdiger Sinne führen.

Noch aufregender wäre die Möglichkeit, die von einem Gehirn emittierten Empfindungen auf Magnetband aufzunehmen und sie einem anderen Gehirn zu vermitteln. Dadurch wäre es einem einzelnen möglich, zahlreiche Leben zu führen, die sich in nichts von einem eigenen Leben unterscheiden würden. Diese Idee haben die Science-fiction-Autoren, besonders Arthur C. Clarke, schon reichlich benutzt. Sie ist es wert, daß wir kurz bei ihr verweilen. Man dürfte mit einem magnetischen Empfindungsregistriergerät keinen Mißbrauch treiben, wie man ja auch nicht sein ganzes Leben ohne Essen und Trinken im Kino verbringen oder ewig vor dem Bildschirm des Fernsehempfängers sitzen soll. Aber dies ist der einzige Vorbehalt. Warum sollten wir nicht unser Leben vervielfachen, warum nicht allnächtlich ein neues Leben führen? Das in bestimmten Träumen wirksame Zeit-Teleskop läßt diese Möglichkeit durchaus plausibel erscheinen. Der Mensch könnte dann wählen, wie er leben will. Er könnte sogar in gewissem Umfang aktiv auf seine anderen Leben einwirken, und zwar mit Hilfe der Reflexkurven des Gehirns auf dem Magnetband. Vom Gehirn ausgesandte Ströme würden die Aufzeichnung entsprechend verändern, wodurch man, wie im »wirklichen« Leben, eine gewisse begrenzte Freiheit hätte. Autoren wie Clifford Simal oder Stanislas Lem haben dieses Thema sehr einfallsreich behandelt.

Solche Träumerei wirft ernsthafte, ja sogar schreckliche philosophische Fragen auf. Woher wissen wir, daß wir nicht nur in Retorten eingeschlossene Gehirne sind, denen ein Registriergerät Empfindungen liefert? Lem kommt zu dem Schluß, daß die vom Erzähler seiner Geschichte untersuchten parapsychologischen Phänomene durch Mängel des Registriergeräts erklärbar sind: Telepathie ist möglich, wenn es zwischen zwei Magnetbändern, die unterschiedliche Gehirne versorgen, zu einem Kurzschluß kommt, Vorherwissen der Zukunft, wenn durch falsches Aufspulen des Bandes Signale zum Gehirn gelangen, die erst zwei Stunden oder Tage später kommen sollten. Eine solche Beweisführung ist schwer zu widerlegen. Schließlich ist unsere Wirklichkeit mit dem Gehirn verknüpft, so, wie es derzeit ist. Für die Existenz einer unsterblichen Seele haben wir keinerlei wissenschaftlichen Beweis. Ohne einen solchen Beweis ist Lems materialistischer Alptraum nicht unvernünftig.

Maschinensteuerung durch Gedanken

Schon ist es der Wissenschaft gelungen, in gewissem Umfang Gehirn und Maschine zu koppeln. In der Sowjetunion hat man Körperversehrte mit künstlichen Gliedern versehen, die durch Gedanken kontrolliert werden. Wenn der Versehrte die Faust ballen will, gelangen elektrische Ströme ins Handgelenk, um die Handmuskeln zu betätigen. Nun hat aber der Versehrte infolge eines Unfalls oder einer Verwundung keine Hand mehr. Die Ströme werden verstärkt und betreiben winzige Elektromotoren, durch die die künstliche Hand bewegt wird.

Von dieser Errungenschaft ausgehend, könnte man sich vorstellen – und hat es tatsächlich in Zukunftsromanen getan –, daß Flugzeuge oder Raumschiffe unmittelbar durch Gedanken gesteuert werden. Im Krieg hätte ein durch Gedanken gesteuertes Flugzeug zahlreiche Vorzüge. In einem mit 10 Kilometer pro Sekunde dahinrasenden Raumschiff wäre allerdings zu befürchten, daß die Nervenströme zu langsam in Aktion gesetzt werden; vorzuziehen sind hier offensichtlich vollautomatisierte elektronische Einrichtungen, da Elektronen sich praktisch mit Lichtgeschwindigkeit bewegen.

Aber die Möglichkeiten der Zukunft sind nicht auf das Skalpell und die Verknüpfung des Gehirns mit elektronischen Mechanismen begrenzt. Ein weit größeres Feld noch erschließen die Drogen, bekannte und bislang unbekannte. Das klassische Buch zu diesem Thema ist Robert Lewis Stevensons *»Dr. Jekyll und Mr. Hyde«*, der einzige Kriminalroman, in dem die Lösung des Rätsels gräßlicher ist als das Rätsel selbst. Auch Arthur Machen hat in einer tragischen Erzählung mit dem Titel *»Das neue weiße Pulver«* die Wirkung von Drogen behandelt. Es ist die Geschichte eines unglücklichen Apothekers, bei dem sich ein sehr kompliziert zusammengesetztes Medikament infolge einer höchst seltenen chemischen Reaktion in ein Hexensabbat-Pulver verwandelt. Wells hat von Drogen in *»Der neue Beschleuniger«* geträumt, einer gedankenreichen kurzen Geschichte, in der man besonders eine Abhandlung über die Bedeutung der organischen Phosphate findet – fünfzig Jahre, ehe sich die Wissenschaft ernsthaft damit befaßte. Hier haben wir ein eindrucksvolles Beispiel prophetischer Science-fiction. Frank Belknap Long schildert in *»Der Hund von Tindalos«* die Erforschung der Zeit mittels einer Droge.

Über die Drogen kann man endlos träumen. Man wünscht sich Drogen, die Schmerzen betäuben, ohne den Organismus abzustumpfen. Man wünscht Drogen, die das Gehirn aktivieren. Vergeblich sucht man nach tatsächlich wirksamen Aphrodisiaka, und man fragt sich, ob es sie nur in Legenden und in der Reklame gibt. Die meisten Rezepte dieser Art, die sich in der magischen Literatur finden, sind in der Anwendung gefährlich und wirkungslos.

Führen Drogen zu besseren Menschen?

Vor allem träumt man von einer Droge, die die Menschen besser machen könnte. Das ist keine ganz und gar absurde Gedankenspielerei. Ernsthafte Wissenschaftler befassen sich mit der Idee, unter ihnen Dr. Henri Laborit, wie sein Aufsatz in *La Presse médicale* vom 27. März 1965 beweist:

»Es ist möglich, daß die Pharmakologie in der menschlichen Entwicklung eine hervorragende Rolle zu spielen haben wird. Alsbald werden mir viele Naturisten, wunderliche Greise, Leute, die der ›guten alten Zeit‹ nachtrauern, die ›zur guten Natur zurückkehren‹ wollen, entgegnen, die Pharmakologie sei nicht ›natürlich‹. Aber was ist natürlich? Entweder ist alles natürlich, oder nichts ist natürlich. Als der Mensch Feuer machte oder ein Feigenblatt abriß, um seine Scham zu bedecken, entsprach sein Handeln schon nicht mehr der Reinheit der Natur, wie unsere Widersacher sie verstehen. Sobald man in eine menschliche Handlung ein Werturteil einführt, gilt es zu wissen, daß dies durch eine willkürliche Entscheidung geschieht und daß wir phylogenetisch, genetisch und semantisch für die Fällung eines Werturteils konditioniert sind. Ich kann nicht einsehen, nach welchem Grundsatz es dem Menschen mehr verboten sein sollte, auf jene seiner Verhaltensweisen einzuwirken, die noch Animalisches enthalten, sobald er sich seiner Stellung im Entwicklungsgang der Natur bewußt geworden ist, als ihm untersagt sein sollte, das Automobil zu erfinden, woraus ihm niemand einen Vorwurf zu machen gedenkt. Alles in allem besitzt der Mensch, der seine Umwelt tiefgreifend umgestaltet hat, noch im 20. Jahrhundert das Gehirn seiner höhlenbewohnenden Vorfahren. Dieses Gehirn ist biologisch gleich geblieben und ist lediglich durch einen semantischen Apparat gewichtiger geworden, der sorgfältig von Generation zu Generation zum Schutz der sozialen Strukturen überliefert wird, die ihrerseits meistenteils überaltet sind.

Der kürzeste Weg zur Behebung dieses gefährlichen Tatbestandes scheint uns vielleicht – ich sage ausdrücklich vielleicht – der zu sein, mit pharmakologischen Mitteln das in den meisten Fällen nicht mehr angemessene Funktionieren dieses paläolithischen Gehirns auszuschalten; dieses Gehirn hat der Mensch durch die Jahrhunderte mit sich geschleppt, während er es andererseits verstanden hat, seine Hände durch Maschinen, seine Füße durch weit raschere Transportmittel zu ersetzen, seine Augen durch optische oder elektronische Systeme zu verbessern und es völlig natürlich fand, in bestimmte Geheimnisse der Materieregulation einzudringen. Letztlich glaube ich nicht, daß man dadurch so sehr den Willen dessen verfälscht, der vor zweitausend Jahren gekommen ist, um Frieden auf Erden zu predigen, wenn man an dem – vielleicht nahen – Tag, an dem es dem Menschen möglich sein wird, dies tut.«

Der Wissenschaftler, der diese Meinung geäußert hat, arbeitet übrigens an solchen Drogen und hat schon einige Resultate erzielt. Auf diesem Gebiet wäre eine ganze Reihe von Substanzen denkbar:

1. Eine Droge, die gewalttätige Geisteskranke beruhigt. Laborit scheint ein solches Mittel bereits gefunden zu haben.

2. Eine Droge, die Verbrecher heilt. Von dieser Droge wären verschiedene Variationen vorstellbar:

Eine Droge, die alles im Gedächtnis Gespeicherte völlig auslöscht, worauf man den Kriminellen umerziehen könnte.
Eine Droge, die Kriminelle für hypnotische Suggestion besonders empfänglich macht. Durch posthypnotische Beeinflussung könnte man sie dazu bringen, niemals mehr ein Verbrechen zu begehen.
Eine Droge, die den Kriminellen wirklich bessert, indem sie sein inneres Gleichgewicht herstellt und die innere Sekretion so steuert, daß bestimmte Sekrete, die für ihre Verbrechen verantwortlich zu sein scheinen, nicht mehr produziert werden.

Wird die Psychochemie die Lebensangst des modernen Menschen überwinden?

Es ist offensichtlich müßig, darüber zu streiten, ob man mit Hilfe eines entsprechenden chemischen Moleküls die Erbsünde oder den freien Willen des Menschen auslöschen kann. Nicht jedermann glaubt an die Erbsünde. Und was den freien Willen angeht, so ist sicher, daß dieser freie Wille weit begrenzter ist, wenn man schreckliche Zahnschmerzen hat, als wenn man die Schmerzen mit einer entsprechenden Droge lindert. Ebenso ist denkbar, daß ein Krimineller mehr freien Willen hat, wenn bestimmte Instinkte stark unterdrückt sind. Ferner ist anzumerken, daß eine psychotherapeutische Behandlung mit angemessenen Drogen den freien Willen ganz gewiß weniger einschränkt als beispielsweise das Gefängnis oder das Zuchthaus.

3. Wenn man den Traum fortspinnt, kommt man auf Drogen, die die Autofahrer beruhigen und die Gewalttätigkeit in unserem Alltagsleben verringern. Demonstranten könnten durch einen gasförmig versprühten Wirkstoff auf dem Höhepunkt ihres Tobens wieder zur Vernunft gebracht werden. Man hat sogar schon an Drogen gedacht, die eine ganze Armee friedlich machen sollen. Ebenso kann man sich Drogen vorstellen, die augenblicklich jedes noch wilde Tier besänftigen. Diese Drogen könnten mit einem Zerstäuber oder als Rauchbombe in Anwendung gebracht werden. Wenn dieser Traum allzu phantastisch erscheint, sei daran erinnert, daß es Mikroben gibt, die weit gefährlicher sind als jeder Tiger. Durch die Pharmachemie hat man sie unschädlich gemacht.

4. Schließlich könnte man sich vorstellen, daß die Lebensangst des modernen Menschen durch Drogen behoben wird. Die Wissen-

schaft hat geglaubt, dies mit den Ataraktika erreichen zu können, aber es ist ihr nicht gelungen.

Die Angst ist ein Phänomen, dessen Ursachen nur wenig bekannt sind. Manche Ängste sind bewußt, andere unbewußt. Es sieht so aus, als ob bestimmte unmotivierte Ängste, die psychotherapeutisch nicht behoben werden können, chemischen Ursprungs wären. Wenn dies zutrifft, müßte es möglich sein, ein ebenfalls chemisches Gegenmittel zu finden. An Patienten, an denen die Forscher ihre Droge ausprobieren könnten, fehlt es nicht. Schätzungsweise leiden in den Industrienationen etwa 15 Prozent der Erwachsenen an schweren Angstzuständen. Viele von ihnen würden sich freiwillig melden, wenn die Mediziner mit der Erprobung von Anti-Angst-Drogen beginnen würden. Das wenige, das wir von der menschlichen Psyche wissen, weist stark darauf hin, daß solche Anti-Angst-Drogen auch Anti-Selbstmord-Drogen wären, da Selbstmord eine Manifestation von Angst ist. Das bedeutet, daß diese Forschungen es verdienen, intensiviert zu werden.

Intelligenzpillen?

5. Oft hat man schon von Drogen geträumt, die uns intelligenter machen. Trotz aller Kritiken, die man an der Intelligenz üben kann, ist sie doch eine im Leben äußerst nützliche Sache. Zwar sollte sie durch das Gefühl »entschärft« und von Intuition unterstützt sein, aber für das Überleben und den Erfolg ist Intelligenz ein sehr wichtiger Faktor. Bei Laboratoriumsversuchen ist es mit Hilfe von Drogen bereits gelungen, die Intelligenz von Tieren zu steigern. Die Experimente sind sorgfältig verifiziert worden. Leider sind jedoch die dabei verwendeten Drogen sehr giftig. Ein sehr gutes Beispiel hierfür ist das Nikotin. Tiere, die oral oder durch Injektion eine starke Nikotindosis erhalten, werden deutlich intelligenter, gehen jedoch rasch ein. Erwähnt sei, daß ein Mensch kaum darauf hoffen kann, seine Intelligenz durch Rauchen zu steigern: Er müßte 10 Millionen Zigaretten rauchen.

Immerhin könnte man sich eine Droge vorstellen, die die Intelligenz durch Nikotin steigert, gleichzeitig aber nicht giftig ist. Dabei stellen sich verschiedene Fragen:

Würde eine solche Droge bewirken, daß wir alle gleichermaßen intelligent werden?

Oder würden durch sie die Dummköpfe intelligent, während bereits intelligente Menschen zu Genies aufstiegen?
Gibt es – von möglichen Mutationen abgesehen – Grenzen der menschlichen Intelligenz?
In welchem Alter müßte diese Droge angewendet werden?
Müßte man sie ständig einnehmen, wenn man nicht einen argen Rückfall erleiden wollte, wie es Daniel Keyes in *»Blumen für Algernon«* geschildert hat?

Dies sind Fragen, auf die es noch keine Antwort gibt, die aber zu weiteren Träumereien anregen. So könnte man sich auf sozialer Ebene eine Aristokratie denken, die die Intelligenzdroge sich vorbehält, oder eine Demokratie, in der jedermann die Droge erhält. Würde man das Recht haben, eine Verteilung der Intelligenzdroge zu unterbinden? Würde man sich weigern können, sie einzunehmen, um lieber dumm und glücklich bleiben zu können? Das wäre meines Erachtens ein Thema für einen Science-fiction-Autor. Vielleicht werden die Dummköpfe die Erde erben, wenn sich die durch Drogen Superintelligenten mit Hilfe von Todesstrahlen und Kobaltbomben »unterhalten« haben.

Drogen heben Raum und Zeit auf

Schließlich kann man den sicheren Boden der Psychochemie verlassen und von ganz und gar phantastischen Drogen träumen. Manche Autoren, so Aldous Huxley, haben die Meinung ausgesprochen, daß der Mensch durch eine geeignete Substanz das Glück gewinnen könnte, ohne es irgendwie verdient zu haben. Der englische Schriftsteller John Brunner hat sich in *»Put Down This Earth«* eine Droge ausgedacht, die den Benutzer körperlich und tatsächlich in ein Paradies versetzt, auf eine zweite Erde, die neben der unseren existiert, die jedoch noch nicht vom Menschen durch radioaktiven Niederschlag verseucht wurde. Nach ihm soll es eine unendliche Zahl solcher Erden geben, und somit könnte jeder von uns endgültig unserem Planeten den Rücken kehren und mit ein paar Freunden fern von Kernwaffen und Abhörgeräten ein ruhiges Leben führen. Man kann sich auch Drogen vorstellen, die telepathische Fähigkeiten wecken. Die letzten Eingeborenenvölker im Naturzustand scheinen solche Drogen zu kennen. Man müßte aber gleichzeitig auch von Gegenmitteln träumen, denn telepathische Fähigkeiten könnten sehr gefährlich sein. Die Science-fiction-Autoren schreiben gewöhnlich, daß diese Substanzen auf die Zirbeldrüse wirken, die man seit Descartes als den Sitz der Seele ansieht. Jedenfalls ist denkbar, daß dieser Teil des Gehirns den sogenannten psionischen Fähigkeiten entspricht: Telepathie, Hellsehen, Bilokation, Vorherwissen der Zukunft, Telekinese usw. Infolgedessen kann man von einer spezifischen Droge für jede dieser Fähigkeiten oder von einer allgemeinen psionischen Droge träumen.

Vielleicht werden Elektronenrechner diese Probleme lösen

Wenn, wie man annimmt, das Gedächtnis an Proteine geknüpft ist, sind es vielleicht auch diese Fähigkeiten; dann könnten die zu ihrer Weckung benötigten Drogen dem Insulin analog sein: ein Proteinskelett, das aktive Moleküle trägt. Wie man das Insulin analysieren und synthetisch herstellen konnte, so müßte es möglich sein, die Formeln der neuen Drogen durch Datenverarbeitungsanlagen errechnen zu lassen. Tausende von Chemikern würden sich in vorzüglich ausgerüsteten Laboratorien an die Synthese der Drogen machen. Selbst wenn die ganze Menschheit während der 82 Milliarden Jahre, die dieser Welt nach Auffassung der Kosmologen bis zu ihrem Ende noch bleiben, nur daran arbeiten würde, könnte es ihr nicht gelingen, sämtliche möglichen organischen Verbindungen synthetisch herzustellen. Aber auf Wegen, die eine noch zu entdeckende organische Chemie und Physiologie eröffnet hätten, läßt sich ein Laboratorium der Zukunft vorstellen, in dem man psionische Drogen intensiv erforscht.

Die mit dieser Arbeit befaßten zukünftigen Forscher beneide ich nicht. Eine Ratte, der man eine ihr die Zukunft erschließende Droge injizierte, die also wüßte, daß sie demnächst seziert wird, würde sich wahrscheinlich nicht sehr friedlich verhalten! Versuche mit Menschen könnten zu all den Paradoxen von Raum und Zeit führen, die der brillante amerikanische Science-fiction-Autor Alfred Pester in *»Endstation Sterne«* geschildert hat. Ein Laboratorium, in dem die Versuchspersonen und die Wissenschaftler selbst frei in Raum und Zeit zu reisen beginnen, Gegenstände telekinetisch verschieben und durch Willenskraft die Resultate der Experimente abändern können, wäre gewiß kein sonderlich angenehmer Ort. Dann wird man der Zeit nachtrauern, da die Wissenschaft noch unkompliziert und die Magie noch nicht wiedererfunden war.

Das Wunder der Zelle

Jacques Bergier

Eine Reise zu den Grenzen unseres Wissens

Poetisch, aber wissenschaftlich durchaus exakt, könnte man nach dem, was der Biologe heute weiß, sich die Zelle als einen Planeten vorstellen, der ganz und gar aus programmierter Materie besteht und von Satelliten umgeben ist, in denen sich Fabriken befinden. Diese Fabriken sind die Ribosomen. Der zentrale Planet ist der Zellkern. Die Instruktionen werden von einer Kernsäure, der Ribonukleinsäure (RNS), vom Kern zu den Ribosomen gebracht. Diese Gegebenheiten ermöglichen grenzenlose Spekulationen. Man kann sich entweder eine »Umprogrammierung« des Zellkerns oder eine Einwirkung auf die Ribosomen oder auch eine Beeinflussung der Säure vorstellen, während sie die Informationen übermittelt.

Was den Zellkern angeht, so wäre es denkbar – und man hat auch schon daran gedacht –, das ursprüngliche Programm auszulöschen und ihn neu zu programmieren, wie man es mit einem Magnetband tun kann. Verschiedene, übrigens sehr heftig umstrittene Arbeiten erlauben die Mutmaßung, daß eine solche Träumerei nicht völlig absurd ist. Tatsächlich scheinen die Nukleinsäuren magnetische Eigenschaften aufzuweisen; vielleicht ist es mit einer genügend feinen Vorrichtung möglich, sie zu entmagnetisieren und neu zu magnetisieren. So könnte man beispielsweise auf Krebszellen einwirken und sie entsprechend den normalen Zellen umprogrammieren.

Natürlich könnte man eine Zelle nur dann künstlich programmieren, wenn man einigermaßen genau über den genetischen Code Bescheid wüßte und vollkommene magnetische Aufzeichnungsgeräte besäße. So weit sind wir noch nicht. Bis jetzt verfügt die Biologie lediglich über Elektroden, die so fein sind, daß man sie in eine Zelle einführen kann. Aber das ist zumindest ein Anfang.

Möglich wäre ein weniger ehrgeiziger Eingriff, der darin bestünde, chemische Substanzen in eine Zelle zu injizieren, die den genetischen Code verändern. Mit Bakterien hat man solche Experimente bereits durchgeführt. So läßt sich eine Zukunft voraussehen, in der man dem Kern eine Information vermittelt und dadurch die naturgegebene Programmierung abändert. Aber das ist ein so diffiziles Unterfangen, daß man es sich heute noch nicht vorstellen kann.

Der amerikanische Schriftsteller Jack Williamson hat in seinem Buch »*Die Drachenzähne*« das Problem auf eine Weise gelöst, die sich nur die Science-fiction erlauben kann: Er schildert eine telekinetische Beeinflussung des Zellkerns. Williamson erschöpft alle Möglichkeiten seines Einfalls, der offensichtlich absurd ist wie alle Science-fiction-Ideen – ehe sie verwirklicht werden.

Programmierte Zellen produzieren beliebige Substanzen und bewirken Mutationen

Wenn es durch paramagnetische Induktion, auf chemischem oder einem anderen Weg gelänge, die den Ribosomen in einer Zelle übermittelten Befehle abzuändern, könnte man Bakterien züchten, die Aspirin produzieren, Edelmetalle aus Meerwasser absondern oder vielleicht sogar ein Metall in ein anderes umwandeln. Die Ribosomen selbst könnte man als Kulturlösungen verwenden, die weit wirksamere chemische Fabriken darstellten als die vollkommensten von Menschenhand geschaffenen: Fabriken, die aus Gasen Erdöl erzeugen oder Zucker und Fette aus Luft, und all dies bei normaler Temperatur und normalem Druck, also auf billigste Weise. Dann wären alle unsere Industrieanlagen in Frage gestellt, um nicht zu sagen überholt.

Mit der Möglichkeit einer Einwirkung auf die RNS haben sich die Wissenschaftler bisher kaum befaßt. Immerhin geben neue Experimente zu weiteren Überlegungen Anlaß. Es wäre denkbar, daß man die RNS einer Zelle entnimmt, sie abwandelt und einer anderen Zelle injiziert. So könnte man krebsbekämpfende Kulturen züchten, die eine Krebsgeschwulst vernichten und dann ihrerseits abgebaut werden.

Die von Mituru Tanakami an der kalifornischen Berkeley University durchgeführten Versuche haben gezeigt, daß es möglich ist, von den Ribosomen die von der RNS herangeführten Eiweißmolekülketten abzulösen. Es handelt sich hier um eine außerordentlich komplizierte »chemische Chirurgie«. Ein Ribosom ist winzig klein, nur etwa hundert Angström-Einheiten lang (ein zehntel Millimeter). Dennoch bildet dieses winzige Gebilde eine Fabrik, auf deren Oberfläche Proteine polymerisiert werden (Polymerisation = Zusammenfügung zu Makromolekülen). Die RNS ist eine Kette aus etwa 80 Aminosäuremolekülen. Sie rückt an die Ribosomen heran und gibt ihnen den Befehl, eine ganz bestimmte Art von Eiweißmolekülen zu bilden. Dieser Mechanismus ist ebenso wunderbar wie präzis. Ihm ist es zu verdanken, daß unsere Kinder uns ähnlich sehen und eine Rose niemals eine Katze entstehen läßt.

Im Prinzip unterscheidet sich der Vorgang nicht allzusehr von der Vermittlung – per Post oder Sonderkurier – eines in Paris aufgestellten Programms an eine Datenverarbeitungsanlage etwa in Marseille. In der Praxis ist die Sache allerdings weit komplizierter, aber Forschungen wie die Arbeiten von Mituru Tanakami lassen hoffen, daß man die RNS auf ihrem Weg vom Zellkern zum Ribosom verändern kann. Eine solche Möglichkeit gäbe der Phantasie weiten Spielraum. Man könnte auf breiter Front krebsbekämpfende RNS einsetzen, einem Fetus ein Serum oder ein synthetisches Virus injizieren, das zur Ausbildung eines alles Bisherige übertreffenden Gehirns führt. Ein bedeutender Mitarbeiter des Pasteur-Instituts hat kürzlich geäußert, daß so etwas nicht unmöglich sei. Dann würde der »Übermensch« nicht durch eine Mutation aus dem Menschen hervorgehen, sondern durch Einwirkung auf den Embryo. Wenn man bei einem Vortrag in der Öffentlichkeit solche Versuche anzudeuten wagt, hört man allgemein: »Das wird man niemals wagen!« Nur hat der Mensch bisher stets gewagt, und auch diesmal wird er sicherlich das Wagnis eingehen.

Elektronengehirne aus lebender Materie?

Gehen wir zu einem weniger umstrittenen Gebiet über. Man kann sich aus RNS bestehende Speicher für Datenverarbeitungsanlagen vorstellen. Irgendwie würde man die einem Ribosom zu vermittelnde Information auf RNS aufbringen. Die auf dem Ribosom befindliche Information würde man durch einen Detektor »ablesen«, etwa einem zu höchster Perfektion entwickelten Aufnahmegerät, das mit Infrarot arbeitet. Eine solche Vorrichtung wäre die endgültige Form der Datenverarbeitungsanlage. Ein hochentwickelter Elektronenrechner hätte dann in einer Aktenmappe Platz. Anstelle äußerst kostspieliger Kristalle würde man aus Zellen gewonnene Ribosomen oder einfachere Mikroben verwenden, die man mit geringen Kosten auf beliebigen organischen Abfallstoffen züchten könnte. Anstelle großer, teurer und immer stärker zentralisierter Maschinen hätte man verhältnismäßig kleine, nur wenig Energie verbrauchende, billige und für jedermann erschwingliche elektronisch-biologische Geräte zur Verfügung. Ein Gramm RNS scheint etwa hundert Milliarden mal soviel Information zu enthalten wie ein Gramm besten Ferrits (Ferrit wird zur Zeit allgemein für die Speicher der Datenverarbeitungsanlagen verwendet). Natürlich müßte eine solche »lebende« Rechenmaschine vor jeder Ansteckung geschützt werden, aber das würde kaum schwierigere Probleme aufwerfen, als sie bereits die jetzigen Datenverarbeitungsanlagen stellen. Die Räume, in denen die Anlagen stehen, sind so steril wie ein Operationssaal. Warum also keine Rechenanlagen auf der Grundlage lebender Materie?

Farbfernseh-Aufzeichnungen mit industriell produzierten Mikroben

Noch ist nicht recht einzusehen, wie man auf einem Ribosom ein Empfangselement installieren könnte; es gibt bei der Miniaturisierung Grenzen, die bei der RNS wahrscheinlich erreicht sind. Natürlich wären Datenverarbeitungsanlagen nicht die einzigen Geräte, die von einer Datenspeicherung auf biologischer Grundlage Nutzen ziehen könnten.

Auch für das Farbfernsehen könnte das Verfahren Bedeutung erlangen. Wenn man an die riesigen Magnetbandmengen denkt, die für die Aufzeichnung von Fernsehprogrammen nötig sind, ist unschwer einzusehen, daß sich allein schon auf diesem Sektor schier endlose kommerzielle Möglichkeiten eröffnen. Theoretisch ist die Sache einfach. Man muß Mikroben heranzüchten, sie zerstampfen, zentrifugieren, um die genetischen Bestandteile auszusondern, das heißt, die Nukleinsäuren, die Programmierung auslöschen, neue elektronische Impulse aufzeichnen und diese dann wieder abrufen.

Nach diesem Prinzip könnte man sich eine Fabrikationsanlage der Zukunft vorstellen, in der das Ausgangsmaterial eine Bazillenkultur ist. Die Bazillen werden mit Hilfe von Ultraschall zerkleinert, die Nukleinsäuren werden auszentrifugiert, zu einem Faden verarbeitet, der Faden wird durch ein Röntgenstrahlenfeld geleitet, so daß er neutralisiert wird. Dann zeichnet man auf die Nukleinsäurefäden Farbfernsehprogramme auf und spielt sie ab, indem man die Fäden durch einen entsprechenden Abnehmerkopf laufen läßt.

Doch kehren wir nun wieder zur ganzen Zelle zurück. Zuerst wenden wir uns der Membran zu, die das Innere von der Außenwelt absondert. Heute wendet man Milliarden dafür auf, solche Membranen genau nachzuahmen. Offenbar bestehen sie nicht völlig aus Materie, sondern aus Kräften, die eine Schranke bilden. Wenn der

Mensch eines Tages solche Membranen künstlich herstellen kann, wird er ohne weitere Kosten Meerwasser in Trinkwasser verwandeln und überdies dabei Elektrizität gewinnen können. Ein schöner Traum – aber um ihn zu verwirklichen, müßte man wissen, welcher Art die geheimnisvolle Kraft ist, die bei der Zellmembran wirksam wird. Im Augenblick spricht man zurückhaltend von elektrostatischen oder osmotischen Kräften. Elektrostatische Kräfte sind ein uns bekanntes Phänomen. Hingegen weiß man über die osmotische Kraft kaum mehr, als daß man ihre Wirkungen kennt. Sie läßt entgegen den Gesetzen der Schwerkraft den Saft in den Pflanzen in manchmal kaum glaubhafte Höhen steigen.

Wird uns die Zelle das Geheimnis der physischen Unsterblichkeit offenbaren?

Im polytechnischen Institut von Brooklyn zerkleinert Weiss eine Hühnerfeder so sehr, daß sogar die Zellverbände auseinandergerissen werden, und bringt die Masse dann in eine geeignete Nährlösung. Die Zellen schließen sich wieder zusammen und bilden erneut eine Hühnerfeder. Bei manchen Tieren vollziehen sich solche Vorgänge von selbst. Wir sind also berechtigt, von einer Auflösung des Menschen in Zellen und seiner Neubildung nach Ausscheidung der Gifte zu träumen. Dies ist der Jungbrunnen, dies sind die Blutbäder der Geheimkulte wie des Kultes der Magna Mater.

Amöben so groß wie Ochsen

Wie groß kann die Zelle werden, wenn die Schwerkraft ausgeschaltet wird und der Biologe sie zu unbegrenztem Wachstum veranlaßt? Dies ist eine sehr beliebte Frage, seit man den Plan gefaßt hat, auf Raumstationen Forschungslaboratorien einzurichten. Es wäre sehr wertvoll, wenn man über großdimensionale Krebszellen verfügte, weil man sie dann weit besser erforschen könnte. Interessant wäre auch zu wissen, welche Größe Einzeller, beispielsweise Amöben, erreichen würden, wenn man die Schwerkraft ausschaltet und sie ungehindert wachsen läßt. Diese Versuche könnten schon in naher Zukunft durchgeführt werden. Schon berichtet die Science-fiction von Riesenamöben, die aus dem Laboratorium eines Gelehrten entwichen sind.

Auf der Erde ist so etwas unmöglich, weil die Schwerkraft ein solches Ungeheuer auf den Boden zwingen würde. Aber im All oder genauer in einem im Weltraum schwebenden, von einer eigenen Atmosphäre umgebenen Laboratorium wäre es durchaus möglich. Gibt es im Weltraum ein- oder mehrzellige Lebewesen? Vielleicht. Immer noch weiß man nicht, was es mit den Leuchtkäfern auf sich hat, die Glenn und Titow im Weltraum beobachtet haben. Die offizielle Erklärung, es handle sich um die »von der Kabine eines Raumschiffs abgeblätterte Farbe«, ist ziemlich lächerlich, wenn man bedenkt, wie stark eine Raumkapsel beim Start erhitzt wird. Diese Temperatur liegt weit über den auf der Umlaufbahn möglichen Temperaturen, und doch werden beim Start keine Farbpartikel abgerissen. In ihrem Roman *»Raumerzählungen«* gehen zwei amerikanische Science-fiction-Autoren, Jack Williamson und Frederic Pohl, von der Annahme aus, daß im Weltraum Tiere leben können. Das ist zwar ein netter Traum, aber noch weiß man nicht, ob er Tatsache werden kann.

Zellen als Meisterspione

Man hat viel über die Möglichkeit nachgedacht, von der Zelle – besonders während der Zellteilung – ausgesandte Strahlen aufzuspüren. Der amerikanische Biologe George Crile hat behauptet, im Inneren der Zelle sehr warme Leuchtpunkte entdeckt zu haben, die er als »Radiogene« bezeichnet. Kein zweiter Forscher hat je diese »Radiogene« beobachtet. Sie wären allerdings recht brauchbar zur Erklärung der von der lebenden Materie erzeugten Transmutationsphänomene, die unser Freund Kervan nachgewiesen zu haben glaubt.

Wenn es die »Radiogene« tatsächlich gibt, müßte die Zelle von Zeit zu Zeit einige Ultraviolett-Quanten aussenden. Manche Wissenschaftler, unter ihnen der Russe Wurwitsch, meinen, solche Strahlen gefunden zu haben und nennen sie »mitogenetische Strahlen«.

Als ich im Laboratorium von Professor René Audubert arbeitete, hatte ich ein ärgerliches Erlebnis. Wir waren gerade dabei, einen besonders empfindlichen Detektor, einen sogenannten Photonenzähler, auszuprobieren. (Dies ist ein Geigerzähler, dessen eine Elektrode durch Jod sensibilisiert wurde.) Unser Gerät entdeckte alles, auch die mitogenetischen Strahlen. Seine Sensibilität reichte von sichtbarem Blaulicht bis zu kosmischen Strahlen. Die Biologen brachten uns alle möglichen Zellen, bei denen wir die überraschendsten Strahlen entdeckten. Schon erhoffte ich mir als Ergebnis dieser Arbeit eine jener Dissertationen, die in einem Forscherleben ein Meilenstein sind und für die gesamte Wissenschaft sich als epochemachend erweisen. Leider kam ich auf den unglücklichen Einfall, sowohl den Photonenzähler als auch die mutmaßlichen Strahlenemittoren zu erden. Alsbald verschwand das Phänomen, und ich habe die Strahlungen nie wieder entdecken können. Anderen Wissenschaftlern ist es ebensowenig gelungen. Bis heute hat man keine aus der Zelle stammende Strahlung nachweisen können. Weder im stationären Zustand scheint sie eine Strahlung zu emittieren noch während der Zellteilung. Schön wäre es, wenn die Zelle eine Strahlung aussenden würde, die uns verrät, ob sie gesund ist, damit man notfalls ihr Gleichgewicht wiederherstellen könnte. Aber in unserer Zeit ist das lediglich ein schöner Traum.

Das Thema der Strahlen aussendenden Zelle wurde von manchen Science-fiction-Autoren zu unterhaltsamen Romanen verarbeitet, so von dem Russen Dolguschin in *»Der Wunder-Generator«* und von dem Amerikaner Robert Heinlein in *»Sechste Kolonne«*. Heinlein hat sogar für seine Strahlen eine »wissenschaftliche« Erklärung geliefert. Er nimmt an, daß es außer dem Spektrum der elektromagnetischen Wellen, die wir allmählich zu handhaben lernen, drei weitere Strahlenspektren gibt: ein gravitationsmagnetisches, ein gravitationselektrisches und ein dreiphasiges gravitationselektromagnetisches Spektrum. Auf diese Weise vermag er völlig neuartige Strahlungen zu erklären. Im Traum und in der Science-fiction ist die Annahme erlaubt, daß die funktionierende Zelle Strahlen aussendet, die ihrem genetischen Code entsprechen.

So erträumt der Franzose Jacques Spitz in seinem Buch *»Die Parzelle Z.«* eine vom menschlichen Organismus losgelöste Zelle, die man zwischen zwei Glasplatten in eine hauchdünne Flüssigkeitsschicht legt. Durch ein Kraftfeld wird sie gezwungen, die Bewegungen des Organismus nachzuahmen, aus dem sie stammt. Man müßte auf die Glasplatte nur eine Landkarte aufzeichnen, um das vollkommenste und unfehlbarste Spionagegerät zu haben. Aber eines Tages stirbt der Mensch, dem die Zelle entnommen wurde; die Zelle in der Flüssigkeit jedoch bewegt sich weiterhin. Wird sie durch etwas geleitet, was den Verstorbenen überlebt hat? Handelt es sich um zufällige Bewegungen? Klugerweise überläßt der Autor dem Leser die Beantwortung dieser Fragen.

Wiederherstellung eines Lebewesens aus einer einzigen Zelle

Man hat an die Möglichkeit gedacht, einen ganzen Organismus ausgehend von einer einzigen Zelle zu reproduzieren, indem man die von der Zelle ausgehenden Strahlungen verstärkt und sie auf eine neutrale, formbare Lösung organischer Materie einwirken läßt. Auf diesem Grundgedanken bauen George F. Worts in *»Die Rückkehr George Washingtons«* und Maurice Renard und Albert Jean in *»Der Affe«* auf. Außerdem gibt es noch mindestens fünfzig oder gar hundert andere Science-fiction-Romane zu dem Thema, aber die beiden genannten Bücher liefern der Phantasie die reichste Nahrung. Eine seriöse Arbeit zum gleichen Thema ist Arthur C. Clarkes *»Profil der Zukunft«*. Der Pole Stanislas Lem hat ihm vor kurzem einen Aufsatz gewidmet, der in der belgischen Zeitschrift *Techniques nouvelles* abgedruckt wurde.

Auf den ersten Augenblick wirkt die Idee gespenstisch: Wenn man aus einer Zelle des Haars von Mr. Smith diesen Herrn »reproduzieren« kann, wer ist dann der echte Mr. Smith? Noch ärger: Wenn man aus einigen im Leichnam von George Washington lebendig gebliebenen Zellen George Washington reproduzieren könnte, wie würde sich dies auf unsere gegenwärtige Welt auswirken? Clarke und Lem, beides überzeugte Materialisten, sehen einer solchen Möglichkeit mit Ruhe entgegen. Maurice Renard und Albert Jean hingegen lassen in ihre Erzählung religiöse Gefühle und den Begriff der Sünde wider den Geist einfließen. Der Erfinder des Verfahrens einer Reproduktion von Lebewesen ist für sie kein Prometheus, sondern nur der »Affe Gottes«.

Wie alles, was an den Begriff der persönlichen Identität rührt, ist diese Idee einer von einer einzigen Zelle ausgehenden Reproduktion zutiefst beunruhigend. Es wäre zu wünschen, daß diese Möglichkeit für immer dem Bereich der Science-fiction vorbehalten bliebe. Aber wird es so sein? Bei seinen Arbeiten mit Karotten und Tabakpflanzen ist es Dr. Frederick C. Stewart von der Cornell University (USA) gelungen, aus einer einzigen beliebigen Zelle normale Pflanzen heranzuzüchten. Dr. Stewart lehnt es ab, eine Anwendung seiner Arbeitsergebnisse auf den Menschen auch nur in Erwägung zu ziehen, aber einige seiner Kollegen tun es durchaus.

Fest steht auf jeden Fall, daß jeder Zellkern jeder unserer Zellen – nicht nur der Kern der Geschlechtszellen – alles enthält, was zu unserer Reproduktion theoretisch nötig ist. Allerdings ist der Weg zu einer tatsächlichen Reproduktion aus solchen Zellen noch weit.

Wenden wir uns einem weniger beunruhigenden Gebiet zu. Gelänge es dem Biologen, die Zellstrahlungen zu entdecken und den genetischen Code einer Zelle zu entziffern, würde er über eine unfehlbare Identifikationsmöglichkeit verfügen. Die Fingerabdrücke können verändert werden, nicht aber der genetische Code einer Zelle. Vielleicht werden eines Tages die Behörden bei der Beantragung eines Passes oder einer Kennkarte die Ablieferung einiger Zellen verlangen, denen man den genetischen Code entnimmt.

Wenn man erst einmal die Gesetzmäßigkeiten der Vererbung des genetischen Code kennt, kann man auch Vaterschaftsstreitigkeiten endgültig und eindeutig dadurch lösen, daß man die Zellkerne von Mutter, Kind und mutmaßlichem Vater untersucht. Heute erlaubt die Genetik lediglich Wahrscheinlichkeitsurteile und in sehr seltenen Fällen negative Entscheidungen, so etwa, wenn von weißen Eltern ein schwarzes Kind gezeugt wird. Gleichzeitig heißt es gegenüber den Gesetzen der Genetik höchst vorsichtig zu sein. Es sieht so aus, als ob Gen-Kombinationen über beträchtliche Zeiträume hinweg möglich sind.

Birgt die Zelle das Geheimnis der Evolution?

Science-fiction-Autoren haben von der Möglichkeit geträumt, nach der Befruchtung im Embryo künstlich spezialisierte Zellen zu erzeugen, die zu spezialisierten Organen wachsen. Eine solche Manipulation sollte durch Mikrochirurgie oder Strahlungen bewirkt werden. Der Amerikaner Norman F. Knight hat sich mit diesem Thema beschäftigt und Rassen erfunden, die vom Menschen hergeleitet sind, aber im Meer oder auf anderen Planeten leben könnten. Es handelt sich hier nicht um künstlich herbeigeführte Mutationen, sondern um eine Superchirurgie, die zwar weit über alles hinausgeht, was sich heute verwirklichen läßt, aber dennoch nicht völlig undenkbar ist. Wenn man die ungeheuerlichen Lebewesen betrachtet, die Professor Etienne Wolff im Laboratorium erzeugt hat, kann man zur Überlegung gelangen, daß die Romane von Norman F. Knight vielleicht doch nicht so absurd sind, wie es auf den ersten Blick den Anschein hat. Dazu kommt, daß die Chirurgie jetzt tatsächlich imstande ist, im Inneren der Zelle zu operieren, nicht mit Hilfe von Operationsmessern, sondern mit dem Laserstrahl. Man hat dies bereits im Laboratorium von Professor Bessis im Centre de Transformation sanguine in Paris getan.

Solche Experimente eröffnen der Phantasie einen weiten Spielraum. Wenn man unter einem Supermikroskop, vielleicht auch unter einem Röntgenmikroskop, arbeitet und einen scharf gebündelten Laserstrahl wie ein Operationsmesser handhabt, müßte man bei der Zelle vielfältige Eingriffe vornehmen können. Man könnte Scheiben vom Zellkern abschneiden, man könnte sogar die Membran durchlöchern und auf diese Weise Elektroden oder Empfänger einführen, die der Zelle Information entnehmen. Vielleicht wirkt auch das Organisationsfeld, das die Bewegungen der Partikeln in der Zelle bestimmt, auf entsprechende Geräte ein. Noch vor kurzer Zeit wäre der Gedanke an Elektroden, die kleiner als ein Zellkern sind, vollkommen wahnsinnig erschienen. Aber mit Hilfe der Technik integrierter Schaltkreise gelingt es, Kristallschichten abzuschneiden, die so winzig sind, daß sie in eine Zelle eingeführt werden und dort vielleicht sogar Information aufnehmen können. Denn wie jedes Lebewesen besteht eine Zelle nicht nur aus Materie und Energie, sondern auch aus Information. Die Zelle ist von einer Informationsaura umgeben, von einem biologischen Einheitsfeld, einem organisierenden Feld, über das wir derzeit noch kaum etwas wissen. Vielleicht ist dieses Feld das, was man als »Aura« bezeichnet. Zwar habe ich noch kein Registriergerät gesehen, das diese Aura anzeigen könnte, aber ich kenne sensible Menschen, die behaupten, eine solche Aura wahrnehmen zu können. Dieses Feld ist mit Sicherheit mit der Zeit verknüpft. Lebewesen entwickeln sich, weil sich die Gesetze der Verbindungen zwischen den verschiedenen Zellen mit der Zeit wandeln. Vererbung und natürliche Zuchtwahl sind zwei Manifestationen dieser Entwicklung, aber sie sind nichts anderes als Manifestationen. Immer noch weiß man nicht, was die Entwicklung bewirkt. Man ist nicht einmal sicher, daß die Ursache der Entwicklung biologischer Natur ist. Vielleicht gibt es ein räumlich-zeitliches Entwicklungsfeld, in dem sich die Zellen genauso ausrichten, wie die Magnetnadel sich im Magnetfeld nach dem Nordpol hin ausrichtet. Vielleicht werden entsprechende Forschungen zur Entdeckung dieses Feldes führen. Man könnte beispielsweise Zellen mit Tropfen einer elektrisch geladenen Flüssigkeit kombinieren und dann diese geladenen Zellen bis fast auf Lichtgeschwindigkeit beschleunigen. Damit könnte man gleichzeitig die Wirkungen des Feldes und die Wirkungen der Zeitmodifikation auf die Zellen beobachten. Für solche Träumereien gibt es keine Grenzen, sogar die tollsten Träume sind erlaubt.

HEYNE NON FICTION

Sachbuch-Bestseller als Heyne-Taschenbücher

HEYNE BÜCHER

Die ersten vier Titel der neuen Sachbuchreihe im Wilhelm Heyne Verlag München

7001 / DM 6,80

7002 / DM 7,80

7003 / DM 3,80

7004 / DM 7,80